맛있는
호주 동남부
여행

맛있는 호주 동남부 여행

초판 1쇄 발행 2017년 9월 1일

지 은 이 이경서
발 행 인 권선복
편   집 심현우
디 자 인 최새롬
전 자 책 천훈민
발 행 처 도서출판 행복에너지
출판등록 제315-2011-000035호
주   소 (157-010) 서울특별시 강서구 화곡로 232
전   화 0505-613-6133
팩   스 0303-0799-1560
홈페이지 www.happybook.or.kr
이 메 일 ksbdata@daum.net

값 15,000원
ISBN 979-11-5602-518-4 03980

도서출판 행복에너지는 독자 여러분의 아이디어와 원고 투고를 기다립니다. 책으로 만들
기를 원하는 콘텐츠가 있으신 분은 이메일이나 홈페이지를 통해 간단한 기획서와 기획의
도, 연락처 등을 보내주십시오. 행복에너지의 문은 언제나 활짝 열려 있습니다.

가족과 함께한 75일의

맛있는 호주 동남부 여행

이경서 지음

도서
출판 행복에너지

맛있는
호주 동남부 여행

'맛있는 삶'을 살아가겠다는 나름대로의 생각을 화두로 삼은 지 수년 이 흘렀다. 아울러 나름대로 고민한 내용을 글로 만들어야겠다고 작 정하고 준비하여 『맛있는 삶의 레시피』 책을 출간했다. 2016년 1월에 출간한 이후 아쉽다고 여겨진 부분을 수정·보완하여 지난해 가을 개 정판을 출간하였다. 개정판을 내놓고 보니 내가 책 속에 담고 싶었던 내용들이 나름대로 잘 담겼다는 생각이 들었다.

나는 책 속에 담겨있는 내용처럼 맛있는 삶을 실천에 옮길 겸, 아내 와 함께 시드니에 둥지를 튼 작은아들네가 살고 있는 호주로 긴 여행 을 떠나기로 했다.

이번 여행은 부부만의 여행이 되기보다는 3대 세 가족 아홉 명 모 두가 함께하는 추억여행이 되면 좋겠다는 생각이 들었다. 이런 생각 을 아내에게 이야기하니 흔쾌히 동의해 주었다. 호주에 있는 동안 서 울에 살고 있는 큰아들네 식구들도 초청해서 함께 추억여행을 하고자 했다. 이런 우리의 생각을 두 아들과 며느리들에게 전하고 의견을 물으니 다들 '좋아요' 하는 의견을 냈다. 그러면 여행 시기를 언제로 하면 좋을지에 대해 이리 저리 조율을 하도록 했다.

둘째 며느리는 "회사에서 길게 휴가를 쓸 수 있는 설 연휴 때가 좋아요" 한다. 서울에서 직장생활을 하는 첫째 아들과 며느리도 "우리도 설 연휴 때가 좋아요" 하면서 어렵게 호주여행 일정조율이 마무리되었다. 이렇게 해서 3대 세 가족 아홉 명이 호주에서 함께 추억을 만들 해외여행을 하게 되었다.

나와 아내는 2개월 후인 2016년 12월 3일, 주말을 이용해 한국을 떠나 75일간 호주에 머물다 오기 위하여 차근차근 주변 정리와 여행준비를 하였다. 시드니에 둥지를 틀고 있는 작은아들 집에 호주여행의 베이스캠프를 차리고 호주의 이곳저곳을 방문하며 맛있는 여행, 즐거운 여행을 하고자 했다.

이번 여행을 계획하면서 내가 세운 마음가짐은 첫째, 내가 초청하는 행사인 만큼 호주에서 체류하는 동안 모든 비용은 내가 부담한다. 둘째, 일을 갖고 있는 아들과 며느리에 의존하지 아니하고 주중에 부부가 여행하는 동안의 교통수단은 가능한 한 대중교통으로 한다.

이런 원칙을 세우고 호주에 도착하여 얼마 동안은 시간적 여유를 갖고 여행을 하면서 시드니의 교통체계를 익혀 부부가 스스로 이동하는 데 불편함이 없도록 노력하였다. 서서히 여행의 자신감을 얻은 후 활동범위를 넓혀 시드니 외곽까지 여행하고자 하였다.

어느 정도 체류기간이 되자 시드니 시내와 외곽 지역을 그 누구보다 많이 꿰뚫게 되었다. 나름 용기를 내어 비행기를 마다하고 일부러 시드니에서 출발하는 새벽기차를 이용하여 캔버라Canberra에 도착하여 하루 관광을 한 후, 다음 날 버스와 기차로 멜번Melbourne까지 여행하고자 했다.

멜번에서의 큰아들네 식구와의 여행, 시드니에서부터 골드 코스트

*Gold Coast*로 이어지는 3대 가족 아홉 명의 여행을 하면서 건강한 모습으로 좋은 추억을 만들 수 있었음에 모두에게 고맙게 생각한다.

75일간 호주여행을 잘 마무리할 수 있었던 것은 가족 모두의 지원과 격려가 있었기에 가능했다. 시드니에 베이스캠프를 마련해주고 항공권, 숙소, 프로그램 예약 등을 차질 없이 진행해준 작은아들 내외, 회사 눈치를 보면서도 용기를 내어 긴 휴가를 내고 동참해준 큰아들 내외, 강행군의 여행에도 불구하고 즐거운 생각과 건강한 모습으로 여행에 동반자가 되어준 아내에게 감사하게 생각한다.

아울러 이 책이 개별적으로 호주여행을 계획 중이거나, 현지에 살면서 스스로 여행을 꿈꾸고 있는 많은 이들에게 '나도 할 수 있다'는 용기를 갖게 하는 데 조그마한 도움이 되기를 바란다.

CONTENTS

시드니 환경에 적응

PART 2 시드니 외곽으로 날갯짓

PART 3 시드니 외곽을 날다

PART 4 가족상봉과 멜번 여행 도전

PART 5 3대 세 가족 호주동부 여행도전

PART 1

시드니
환경에 적응

01
가족상봉의 기쁨과 첫나들이

설렘과 기대 속에 착륙이 얼마 남지 않았음을 알리는
기내 멘트가 흘러나온다. 비행기 창문을 통해 바깥을
보니 비행기 아래로 짙푸른 하늘과 함께 하얀 뭉게구
름이 깔려있다. 구름 사이로 푸른 숲들이 나타나고 한
쪽으로는 파란 바다가 시야에 들어온다.

장시간 비행 끝에 호주 시드니공항에 도착했다. 2년
반 전에 올 때와는 달리 오늘은 입국수속이 빨리 진행
된다. 나보다 먼저 입국수속을 끝내고 빠져나가는 아
내가 내심 걱정되어 우려스런 눈빛으로 바라본다. 다
행히 수화물에 대한 시비 없이 수월하게 세관검사대를
통과하여 입국장을 빠져나오게 되었다.

공항 대합실에서 당연히 우리를 기다리고 있을 줄
알았던 가족들이 보이질 않는다. 이리저리 대합실을
오가며 찾아도 가족들이 안 보인다. 걱정이 되어 작은

시드니로 가는 비행기 창밖으로 보이는 풍경. 아들네 가족을 볼 생각에 벌써부터 설렌다.

아들에게 전화를 하니 공항 주차장에 차를 주차시키고 공항 대합실로 오는 중이란다. 그러면서 하는 말이 늘 공항 도착 후 1시간 정도 걸려야 입국수속이 끝나기 때문에 오늘도 그러려니 했다는 거다.

어쨌든 가족과 영화의 한 장면처럼 상봉의 기쁨을 나누진 못했지만, 나름대로 상봉의 기쁨을 나누고 짐을 승용차에 꾸겨 넣고선 집으로 출발했다. 작은아들네 가족이 살고 있는 집은 시드니올림픽 파크 건너편의 로즈Rhodes라는 지역이다. 강가여서 주거환경이 괜찮은 지역이다. 지금 사는 집은 지난번 방문했을 때에 살던 집이 아니다. 예전에 살던 집에서 그리 멀지 않은 곳인데, 2층이다.

식구들이 사용하는 공간인 2층에 방 하나를 내주어서 여장을 풀고 작은아들과 며느리, 손녀 정윤이 등 그동안 눈에 밟혔던 식구들과 상봉의 기쁨을 함께하며 행복한 시간을 보냈다.

시드니Sydney 지역은 시드니 만과 연결되어 있어 날씨가 온화하고 쾌적한 환경을 자랑하고 있다. 1년 가운데 280일 정도가 쾌청한 날씨라고 하니 축복의 땅임을 알 수 있다. 해가 쨍하는 강렬한 햇살이 강한 자극을 준다. 지금 한국은 한겨울이지만 남반구 지역인 이곳은 북반구인 한국과 달리 한여름이다. 다행히도 고온 건조한 날씨로 인해 온도가 30도를 오르내리고 있는데도 습도가 낮아 그늘에 들어가면 시원하다. 그래서 고온의 더운 날씨임에도 쾌적한 생활을 할 수가 있다.

시드니에서 첫날을 보낸 후, 첫 일정으로 집에서 멀지 않은 1시간 거리에 있는 시드니 올림픽 파크Sydney Olympic Park를 산책하고 오기로 했

홈부쉬 만 선착장 개장 기념비. 1997년 9월 22일에 개장하였음을 알려준다.

다. 예전에 아침마다 홈부쉬 Homebush 만의 강변에 조성된 올림픽 파크 둘레길을 따라 산책을 1시간여 하며 즐기던 곳이다. 집을 나와 강가에서 예전의 기억을 곱씹으며 이곳저곳을 살피면서 걸었다.

홈부쉬 만의 올림픽 파크 둘레길. 아침마다 1시간 정도 산책을 즐기던 곳이다.

　홈부쉬 만의 둘레길을 걷다 보면 걷는 사람뿐만 아니라 자전거를 타고 둘레길을 달리는 사람도 많이 볼 수 있다. 또 곳곳에는 가족단위로 즐길 수 있는 놀이시설과 BBQ 시설이 있어 마음만 먹으면 언제든지 자연 속에서 즐길 수 있는 환경이 갖추어져 있다. 숲 속에는 각종 동물들이 뛰논다. 토끼가 이방인인 나에게 다가와 물끄러미 쳐다보다가 내가 다가가자 숲속으로 줄달음친다. 갈매기들과 이름 모를 새들이 잔디밭에 모여 있다가 날갯짓을 한다. 이웃한 호수에서는 고니 같은 새들이 군무를 펼치고 있다.

맹그로브 군락지.

　내가 좋아하던 맹그로브 숲 속에 들어가 쉬기도 하고 심호흡도 하면서 사진 속에 그 모습을 담으며 즐거운 시간을 보냈다. 맹그로브 숲 속에 잘 조성된 산책길은 한가로이 시간을 즐기기에 손색이 없다. 그래서인지 많은 현지인들도 즐겨 찾는 쉼터다.

　맹그로브 나무는 바다와 강이 만나는 지역에 널리 분포하고 있는 나무로, 짠물이 있는 곳에서 자라면서 군락을 이루는 나무이다. 맹그로브 나무 군락지 속에 나무 길을 만들어놓아 그 숲 속의 나무 길을 걸으면, 걷는 것 자체로 힐링이 된다. 오후시간에도 틈나는 대로 잘 조성된 강가에서 산책의 즐거움을 만끽하곤 하였다. 이곳에 있는 동안도 예전처럼 맹그로브 숲 산책을 즐기려고 한다.

자주 찾던 맹그로브 숲 산책길. 나무 사이사이 길이 만들어져 있다.

시드니에서의 첫 나들이로 산책을 하면서 맹그로브 숲을 벗어나 간 길을 되돌아 집으로 올 수도 있지만, 홈부쉬 만의 강을 가로질러 웬트워스 포인트Wentworth Point라는 동네와 로즈지역을 연결하는 새로 만들어진 '풋 브리지Foot Bridge' 쪽으로 가기로 했다. 올림픽 파크 선착장 쪽으로 만들어진 둘레길을 계속 걸어 새로이 만들어진 다리를 건너가 보는 것도 괜찮다는 생각이 들었기 때문이다.

맹그로브 숲 속을 빠져나와 계속 둘레길을 가다 보면 강가에 아파트 단지와 시드니 올림픽 양궁 경기장이 나온다. 이곳을 지나 올림픽 파크 선착장 쪽으로 가다 보면 '풋 브리지' 이정표가 나온다. 그 다리 입구에는 다리의 이름처럼 버스와 자전거, 그리고 사람만이 다리를 이용할 수 있도록 되어 있다는 안내 표지판이 서 있다. 승용차나 트럭 등은 다리를 건널 수 없도록 되어 있다. 다리 중간에는 사람들이 걷다가 휴식할 수 있도록 쉼터가 2곳이나 마련되어 있다. 쉼터에 앉아 시드니 올림픽 파크의 모습을 먼발치서 바라보며 강바람을 시원하게 맞는 기

풋 브리지 쉼터. 걷다가 휴식할 수 있다.

풋 브리지 위. 홈부쉬 만의 강을 가로질러 웬트워스 포인트와 로즈를 연결한다.

풋 브리지가 지나는 홈부쉬 만의 강. 강변을 따라 다양한 포즈의 소녀 조각상이 있다.

분도 꽤나 괜찮았다. 쉼터에서 일어나 다리를 건너 강가의 산책길을 따라 걷는데 강가에 조각상들이 세워져 있어 눈길을 끈다. 이 조각상들은 양쪽으로 머리를 땋은 한 운동복 차림의 소녀로 강을 배경으로 하여 다양한 포즈를 취하고 있다. 각기 다른 포즈의 조각물들이 강가를 따라 여러 곳에 설치되어 있다. 조각품의 포즈를 나도 똑같이 만들어 보며 사진도 찍고 걸으면서 즐겼다.

오늘 아내와 내가 집 앞의 홈부쉬 만의 둘레길을 한 바퀴 걸으며 산책한 시간은 무려 3시간이나 되었다.

02
페리를 타고 달링하버로

작은아들네 가족이 살고 있는 곳은 로즈^{Rhodes}라는 신도시이다. 이곳에서 시드니의 도심인 CBD^{Central Business District} 지역을 가는 방법은 대중교통수단으로 로즈 역에서 기차를 이용하거나, 근처 선착장에서 페리^{Ferry}를 이용할 수 있다.

지난번 방문 때에는 로즈 역 다음역인 메도뱅크^{Meadowbank} 역 근처의 선착장인 메도뱅크 선착장에서 배를 타고 도심으로 향했었다. 하지만 요즈음은 홈부쉬 만의 강을 가로질러 새로이 만들어진 '풋 브리지' 덕분에 다리를 가로질러 올림픽 파크 선착장으로 가서 배를 이용할 수 있다. 시드니 사람들은 이 페리를 이용하여 출퇴근하거나 시드니 시내를 다녀오곤 한다. 재미있는 것은 주말과 휴일에 승선요금이 평일 요금의 반값이라는 것이다.

주말에 많은 사람들이 차를 갖고 도심으로 몰리는 것을 억제하고, 페리나 기차 이용을 유도하기 위한 교통정책의 일환으로 주말과 휴일에 요금할인을 해준다. 그리고 시드니를 포함한 NSW^{New South Wales} 주 내에는 우리나라의 교통카드와 같은 OPAL 카드가 통용되고 있어 편리하기 그지없다.

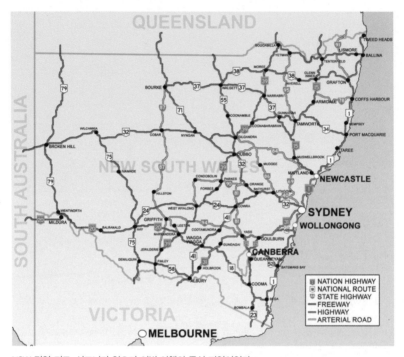

NSW 전역 지도. 시드니가 있으며 이번 여행의 중심 지역이었다.

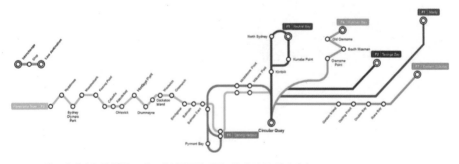

시드니 페리 노선 연결도. 시드니 사람들의 대중교통 수단 중 하나이다.

오늘은 OPAL 카드를 지참하고 집 근처 선착장인 올림픽 파크 선착장에서 대중교통 수단의 하나인 페리를 타고 시드니 지역의 해안절경을 감상하면서 도심인 달링하버Darling Harbour까지 다녀오기로 했다. 집에서부터 다리를 건너 30여 분 걸어서 올림픽 파크 선착장에 도착했다. 이곳에서 배를 타고 40여 분 동안 선상에서 아름다운 수변 풍광을 즐기다 목적지인 달링하버에서 내렸다.

이곳은 시드니의 어느 곳보다 잘 다듬어져 있어 이름처럼 달콤함이

시드니 올림픽 파크 선착장. 이곳에서 페리를 타고 달링하버로 갈 수 있다.

페리 선착장. 위에 달린 모니터로 페리의 운행시간을 알려준다.

시드니 관광정보 지원센터. 이곳에서 각종 안내자료를 받을 수 있다.

달링하버 전경. 도심지답게 사람이 많고 번화한 모습을 볼 수 있다.

곳곳에서 묻어나는 느낌을 받는다. 예전의 방문기억을 떠올리기도 하면서 이곳저곳을 기웃거리며 즐거운 시간을 보냈다. 그런 후 주변에 있는 정보센터에서 시드니 관광지도와 각종 자료들을 얻은 후 도심관광을 시작했다.

주변 도심관광은 근처의 차이나타운에서 시작했다. 차이나타운을 이곳저곳 둘러보니 이곳 시드니에 중국인의 세력이 상당히 뿌리를 내리고 있다는 것이 느껴졌다. 지금 살고 있는 로즈 지역도 아파트 밀집지역인데 저녁때 산책을 나가 보면 세 명 중 두 명은 중국인임을 보면 더욱 그렇게 느껴진다.

호주인들은 기차역과 멀고 한적한 곳, 쇼핑센터와 멀리 떨어진 곳을 선호하는 경향이 있단다. 반면에 한국인이나 중국인들은 아파트, 교통수단, 기차역, 쇼핑센터와 가까운 지역을 선호하는 경향이 있단

차이나타운 남쪽의 마켓시티. 한국의 남대문시장과 같은 재래시장이다.

다. 그래서 로즈Rhodes, 웬트워스 포인트Wentworth Point, 메도 뱅크Meadow Bank, 이스트우드Eastwood지역에 한인과 중국인이 많이 모여 살고 있다.

차이나타운을 둘러보고 나서 남쪽으로 나오니 길 건너에 큰 건물이 눈에 들어온다. 마켓시티Market City라는 서울의 남대문시장 같은 재래시장이다. 건물 안 1층에 들어서니 액세서리 등의 물품을 파는 점포들이 빼곡히 자리하고 있다. 상점들 사이를 걸으며 시장 속 분위기를 익히면서 한 바퀴 돌았다. 그러고 나서 어느 상점에서 이것저것 소품을 만지작거리며 손주들에게 줄 기념품을 고르고 있는데 가게 주인이 한국말로 말을 건넨다. 반가운 마음에 인사를 건네고 어디서 왔느냐고 했더니 연변에서 온 조선족이란다. 우리가 원하는 물건을 이야기하니 2층으로 올라가 보라고 한다. 2층에 올라가니 기념품점이 있어 그곳에서 원하는 물건을 구입할 수 있었다. 많은 관광객이 찾는 물건을 저렴한 가격으로 구입할 수 있었다. 2층의 한쪽에는 거대한 푸드코트Food Court가 자리하고 있다.

이곳을 빠져나와 도심을 향하여 오르막길을 걷고 있는데 유난히 눈에 들어오는 건물이 있다. 시드니 최대의 만남의 장소이자 도시의 랜드마크인 시계탑이 있는 타운홀Town Hall과 타운홀 옆에 자리한 빅토리아 백화점Queen Victorial Building이다. 이들 건물을 둘러보며 초기 이민시대 모습을 느껴 보기도 했다. 빅토리아 시대에 지어졌다는 붉은 화강암의 건물로 지금은 백화점으로 사용되고 있는 건물 안으로 들어서니 고색창연한 모습이 눈앞에 펼쳐진다. 1층, 2층을 거쳐 3층으로 올라가니 눈에 들어오는 시계장식물이 인상적이다.

이곳을 빠져나와 도심 속을 걸으면서 호주 시드니에 와 있음을 실 감하며 관광을 했다. 외국인들이 서울의 명동을 걸으면서 한국을 느 끼며 관광을 하듯이 말이다.

센트럴Central 역 근처에 오니 시장기가 돈다. 조금 전에 지나친 한식 당이 생각난다. 왔던 길을 다시 더듬어 한식집을 찾아 들어갔다. 젊은 이들이 운영하는 한국음식점이었다. 늦은 점심이지만 순두부백반을 시켜 맛있게 먹었다. 오늘은 이렇게 집 앞에서 페리를 타고 달링하버 에서 내려 CBD라고 하는 시드니 도심 지역을 관광했음에 스스로 만 족하면서 말이다.

도심관광을 마친 후 달링하버 선착장으로 발걸음을 옮겨 파라마타 Parramatta행 페리를 타려고 했다. 교통카드인 OPAL 카드를 기기에 인식 시키자 잔액부족이라는 메시지가 뜬다. 충전기로 달려가 충전을 시키 려는데, 충전을 처음 해서 방법을 몰라 당황했다. 옆에 있는 동양계 젊 은 여인에게 부탁을 해 충전을 하고 나서야 페리에 오를 수 있었다.

시드니 만의 해안선을 따라 아름답게 조성되어 있는 시드니의 모습 을 감상하며 출발지인 올림픽 파크 선착장으로 돌아왔다. 시드니 지 역은 반도 지역에다 긴 지류가 발달해 있어서 해상 교통수단이 발달 해 있단다. 육상으로 이동하면서 느꼈던 맛과 다른 맛을 선상 관광을 통해 느끼면서 즐거운 시간을 가졌다. 오늘 페리를 타고 한 선상 관광 은 시드니 지역의 지도와 아름다운 모습을 머릿속에 그림으로 그릴 수 있는 좋은 기회였다.

올림픽 파크 선착장에서 집까지의 거리는 걸어서 30분 정도다. 스

스로 대중교통인 페리를 타고 시드
니 도심을 다녀왔음에 슬쩍 흐뭇해
진다. 앞으로의 여행에 대한 자신감
이 생김을 느끼며 강을 가로질러 집
으로 발걸음을 내딛는다.

OPAL 카드 충전기. 시드니(NSW)의 공용
교통카드라고 할 수 있는 OPAL 카드를 사
용하기 위한 금액을 충전한다.

03
기차와 빨간색 2층 버스로 시티투어를

오늘은 시드니 전역을 운행하는 시드니 트레인을 타고 시내로 진입해 기차타기를 직접 체험하기로 했다.[1]

러시아워 시간대를 피해 집 앞의 로즈 역에서 교통카드인 OPAL 카드[2]로 인식 센서에 터치를 하고 센트럴행 T1 기차를 탔다. 이 OPAL 카드만 있으면 NSW 주 내에서는 버스나 기차 및 페리를 환승하며 마찰 없이 즐겁게 이용할 수 있다.

OPAL 카드를 이용해서 기차를 처음 타는 것이어서인지 조금은 부담스러웠다. 스크린을 보고 T1 기차가 도착하는 시간에 맞추어 기다

....

1 Sydney Train (http://www.sydneytrains.info/) 시드니 CBD(Central Business District)내에서는 여러 방향의 기차 노선이 기찻길을 공유하는 경우가 대부분이기에, 원하는 목적지의 기차가 어느 플랫폼(Platform)에 몇 시에 도착하는지 미리 확인하고 탑승해야 한다.

2 OPAL 카드 (https://www.opal.com.au/)
오팔 카드란 시드니와 근교에서 기차, 버스, 페리, 경전철을 이용할 때 스마트카드로 요금을 결제하는 교통카드이다. 대중교통을 이용하려면, 오팔 카드나 오팔 일회용 승차권을 준비해야 한다. 근처에 오팔 표시가 있는 판매점을 찾거나, retailers.opal.com.au에서 검색하면 된다.

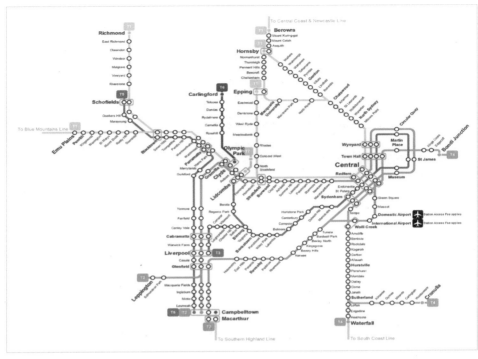

시드니 트레인 노선도. 열차로 시드니 전역을 다닐 수 있다.

시드니 트레인. 2층으로 되어 있다. OPAL 카드를 사용하여 탑승하며, NSW 주 내에서 버스와 페리로 환승하면서 자유롭게 이용할 수 있다.

OPAL 시드니 기차역들 중에는 개찰구 없는 기차역도 많다. OPAL카드가 터치만 되게 세워진 기둥이 있다.

시드니 트레인 안내 스크린. 페리 선착장의 안내 스크린처럼 좌측의 안내 스크린 기기를 통해 배차정보를 알 수 있다.

리다 기차에 올랐다. 시드니 트레인은 2층으로 되어 있다. 2층에 앉아 열심히 T1 기차의 안내지도를 들여다보고 안내방송을 들으면서 도심 지역의 타운홀

Town Hall 역에서 내려 역을 나왔다.

역 밖에서 일단 시드니 도심 안내지도를 보면서 확인한 후 하버 브리지Harbour Bridge 쪽으로 걷기로 했다. 20여 분 걸어서 하버 브리지와 오페라 하우스가 눈앞에 들어오는 서큘러 키Circular Quay 역 앞의 선착장에 도착했다.

서큘러 키 주변을 관광하고 있는데 길 건너에 있는 빨간색 2층 버스가 눈에 들어온다. 바로 언젠가 한번 타 보고 싶었던 시티투어버스다. 시티투어버스를 타 보기로 한 나와 아내는 길을 건너 안내원에게 다가갔다. 이것저것을 물어보고 흔쾌히 1인당 AUD $45씩의 요금을 지불하고 버스의 지붕이 없는 2층으로 올라가 맨 앞자리에 앉았다.

좌석 앞에 안내 멘트를 듣는 리시버를 꽂는 장치가 있는데 8개 국어로 통역이 되어 안내방송 서비스가 제공된다. 리시버를 귀에 꽂고 채널을 맞추니 한국어로 안내방송을 한다. 시티투어를 하는 동안 안내를 한국어로 해주어 편안하게 시티투어를 즐길 수 있는 게 너무 좋았다.

두 시간 정도에 걸쳐 시티투어를 했다. 원래는 내가 원하면 곳곳의 정류장에서 '내리고 타다hop on, hop off'를 반복하며 온종일 버스를 이용할

시드니 시티투어버스. AUD $45를 내면 온종일 언제든 정류장에서 내리고 다시 타는 것이 가능하다.

수 있다. 이름하여 'Hop On Hop Off Bus'[3]라고 한다. 나는 시티투어를 하면서 시드니 전체를 짧은 시간에 이해할 수 있도록 중간에 내리지 않고 출발지로 돌아왔다. 시티투어버스로 투어하기를 잘했다는 생각이 든다.

투어를 마치고 출발지인 서큘러 키에서 내린 다음 우측의 오페라 하우스를 둘러보았다. 언제 봐도 아름다운 오페라 하우스Opera House는 하버 브리지와 함께 호주의 상징물이다. 오페라 하우스는 1959년 착공해서 14년 만인 1973년에 완공되었다. 시드니 만의 바다를 향해 돌

....

3 Hop on Hop off Bus (https://www.sydney.com.au/hop-on-hop-off-bus-tour-sydney-bondi.htm)
 33개의 정류장에서 원하는 대로 타고 내릴 수 있다. 24시간 또는 48시간 동안 유효한 티켓을 구입할 수 있으며, 버스는 15-20분마다 운행한다.
 모든 버스에 8개의 언어 채널이 있고, 한국어도 있다.
 가격(24시간, 48시간) 성인 AUD $50, AUD $70 / 어린이(5-15세) AUD $33 / 학생 AUD $46

출해 있는 모습이 조개껍질 같기도 하고 오렌지 껍질 조각 같기도 하다. 이 건물의 설계자에 얽힌 이야기가 재미있다.

덴마크 건축가인 요른 웃손Jorn Utzon은 설계공모에 참가하기 위한 아이디어를 못 찾아 고민하던 중 아내가 건네준 과일접시에 담긴 오렌지 조각을 보면서 무릎을 쳤다고 한다. 과일접시에 담긴 오렌지 조각에서 힌트를 얻어 오렌지 조각을 본뜬 지금의 오페라 하우스가 탄생했다는 것이다. 이렇게 해서 탄생한 오페라 하우스는 시드니의 푸른 바다와 잘 어울리며 세계적인 건축물로 자리매김하고 있다. 총 105만 6,006개의 타일로 뒤덮인 지붕은 날씨에 따라 오묘하게 색깔이 변한다.

부지런히 아름다운 풍광을 눈으로 감상하면서 그 옆으로 잘 조성된 왕립식물원Royal Botanic Garden으로 향했다. 이 왕립식물원은 1816년, 당시 총독인 맥쿼리Macquarie 총독 때 만들어진 약 30만 제곱미터 규모의 '도시 속의 오아시스'로 불리는 공원이다.

명성에 걸맞게 잘 조성된 왕립식물원을 감상하며 도착한 곳은 식물원 중앙에 위치한 '보타닉 가든 카페Botanic Gardens Cafe'이다. 2년 전에 이곳에 와서 아들과 함께 맛있게 먹었던 수제 버거가 문득 생각이 났기 때문이다. 주문대에서 수제 버거인 '보타닉 버거'를 주문했다. 크기도 여느 버거보다 크고 감자튀김인 칩스chips가 같

보타닉 가든 카페에서

이 나왔다. 나와 아내는 정원의 탁자에 앉아 식물원의 풍광을 즐기면서 식사를 했다.

식사 후 다시 식물원을 감상하며 팜 코브Farm Cove산책로를 따라 걸으며 오페라 하우스가 바다 건너 보이는 맥쿼리 부인의 의자Lady Macquarie's Chair가 있는 장소로 발걸음을 옮겼다. 레이디 맥쿼리 포인트Lady Macquarie's Point라고 하는 이곳은 이민 초기시절 당시 총독이었던 맥쿼리의 부인이 앉아서 쉬었다는 돌로 된 의자가 있는 곳이다. 이곳에 앉아 그 총독 부인은 고국인 영국으로 떠난 남편을 매일 생각하고 기다리면서 지냈다고 한다.

이곳은 오페라 하우스와 하버 브리지 시드니시티의 풍경을 한꺼번에 담을 수 있어 기념사진을 찍기 좋은 장소다. 많은 관광객이 하버 브리지와 오페라 하우스를 배경으로 인증샷을 찍으며 즐거워한다. 나도 뒤질세라 인증샷을 찍어 한국 지인들에게 보내며 이곳에 우리 부부가 왔음을 알렸다.

맥쿼리 의자에서 본 시드니 항의 전경. 오페라 하우스부터 하버 브리지까지가 한눈에 들어온다.

도심에 이런 큰 식물원을 갖고 있는 시민들이 부럽다는 생각이 든다. 더운 날씨 속에서 잘 조성된 식물원의 다양한 모습을 감상하며 북쪽 문으로 걸어 나오니 예쁜 분수대에서 시원한 물을 뿜어대고 있다. 이곳 분수대의 모습을 감상하면서 몸을 추슬러 휴식을 취한다.

오늘 시드니 기차를 타고 시도한 도심여행이 성공적으로 마무리된 것이 기뻤다. 집까지 기차를 타고 잘 갈 수 있기를 바라면서 도심의 이곳저곳을 감상하며 걸어서 타운홀 역 쪽으로 향했다. 타

시드니 식물원을 나와서 본 분수. 식물원뿐 아니라 이런 주변 조경까지도 잘 조성되어 있다.

운홀 역은 여러 노선의 기차노선이 지나가는 역으로 매우 복잡한 역이다.

이렇게 복잡한 역에서 내가 타야 할 기차인 에핑행 T1 타는 곳을 찾는 일이 쉽지 않다. 안내스크린을 보고 T1을 찾은 후 T1의 여러 노선 가운데 집 근처에 있는 로즈 역을 지나가는 에핑행 기차를 찾아야 한다. 에핑행 기차는 안내스크린에 통과하는 역이 뜨고 몇 분 후에 도착

하는지 알 수 있다.[4] 긴장하면서 에핑행 기차를 타고 30여 분 걸려 집 근처의 로즈 역에 도착하여 집으로 돌아왔다.

성공적으로 노란색 T1 기차를 이용해 도심여행을 하고 온 것에 뿌듯해하며 앞으로의 여행에 더욱 자신감이 생기는 하루였다.

기차탑승 안내 스크린. 각 노선별로 기차가 언제 오는지 안내하는 스크린이다. 여러 노선이 기찻길을 공유하는 경우가 있기 때문에 미리 확인하고 타야 한다.

....

4   Sydney Train (http://www.sydneytrains.info/)
    시드니 CBD(Central Business District)내에서는 서로 다른 방향의 여러 노선의 기차들이
    기찻길을 공유하는 경우가 대부분이다. 원하는 목적지의 기차가 어느 Platform에 몇 시
    에 도착하는지 미리 확인하고 탑승해야 한다.

04
기차 환승으로 맥쿼리대학을 가다

시드니 기차 체험을 통해 승하차 요령을 터득한 다음날, T1 기차를 이용해 맥쿼리대학^{Macquarie University}을 다녀오기로 했다.

집 근처의 로즈 역에서 에핑행 T1 기차를 타고 북쪽으로 5정거장을 달려가니 종착역인 에핑 역이다. 에핑 역에서 T1 기차의 노선도를 확인하니 지하로 내려가 다른 T1 기차로 환승을 해야 맥쿼리대학을 갈 수 있다.

에스컬레이터로 깊숙이 지하로 내려가서 안내 스크린을 보니 맥쿼리대학으로 가는 기차가 몇 분 후에 도착한단다. 그 기차를 타고 1정거장을 가면 맥쿼리대학^{Macquarie Univ.} 역이다. 역에 도착한 후 역을 빠져나오니 바로 맥쿼리 쇼핑센터[5]가 있다. 길 건너편에는 대학캠퍼스가

....

5 Macquarie Shopping Centre (https://www.macquariecentre.com.au/)
맥쿼리 쇼핑센터는 맥쿼리대학교 맞은편에 위치해 있다. 쇼핑센터 안에는 아이스링크도 있어서 아이스하키 경기나 스케이트도 즐길 수 있는 쇼핑센터이다.

있고, 대학로고가 보인다.

먼저 쇼핑센터에 들어가서 이곳저곳 아이쇼핑을 하면서 시간을 보내며 즐기고자 했다. 쇼핑센터는 2016년에 확장 오픈하여, 자라ᶻᴬᴿᴬ 등 유명 패션브랜드가 입점해 있다. 관광객들보다는 주변의 거주민들과 대학생들이 많이 이용하는 곳이란다. 나도 필요하다고 생각된 조그마한 물품을 구입했다. 이 쇼핑센터 내에는 우리나라의 롯데월드처럼 아이스링크가 있어 아이스링크에서 즐기는 모습을 바깥에서 볼 수 있었다. 이곳에서는 아이스하키 경기를 하기도 하고, 평소에는 동호인들이 스케이트를 타며 즐길 수 있단다. 점심때가 다 되어서인지 시장기가 돈다. 시장기를 해결하기로 하고 쇼핑센터 내의 푸드 코트로 갔다. 엄청 큰 쇼핑센터의 푸드 코트임에도 음식을 먹는 사람들로 인산인해다. 겨우 자리를 잡고 앉아 먹고 싶었던 햄버거로 점심을 먹고 길 건너편에 있는 대학 캠퍼스로 발길을 옮겼다.

맥쿼리대학은 시드니 서북부 지역인 노스 라이드ᴺᵒʳᵗʰ ᴿʸᵈᵉ에 있는 대학이다. 이 대학은 세계 100대 대학에 든 대학으로 오랜 역사를 지닌 대학이다.

시원하게 시야가 트인 넓은 캠퍼스 안에 들어서자 지난 대학교수 시절이 오버랩되어 이곳저곳을 둘러보았다. 2시간여를 걸으며 캠퍼스를 둘러보고 나서 캠퍼스를 빠져나와 쇼핑센터 쪽으로 향했다.

쇼핑센터 앞에서 기차를 탈까 버스를 탈까 고민하다가 버스를 타보기로 했다. 버스승차장에서 버스를 기다리고 있는데 '이스트우드 경유'라고 쓰여 있는 버스가 다가온다. 이 버스를 타고 이스트우드 역까지 가서 T1 기차로 환승하면 집 근처의 로즈 역으로 갈 수 있다는 생각이 들어 정차하는 버스에 올랐다.

이곳에서 이스트우드 역까지 가는 도로변의 주택가 모습은 매우 안정되고 여유로워 보였다. 생각한 대로 버스가 이스트우드에 이르자, 예전에 본 낯설지 않은 건물들이 나타난다. 이곳 버스정류장에서 버스를 하차한 후 예전에 왔던 모습을 떠올리며 이곳저곳을 둘러보았다.

호주 시드니에서 이스트우드Eastwood 지역은 스트라스필드Strathfield 지역과 함께 한국인들이 많이 사는 곳이다. 이스트우드 역 근처는 한국 상점들이 밀집한 지역으로, 주변의 한국인들이 많이 찾는 지역이다. 얼핏 보면 한국의 어느 상업지구 거리에 온 것 같은 착각마저 든다. 이 지역은 이스트우드 역을 기준으로 해서 동쪽은 한국 상점들이, 서쪽은 중국 상점들이 밀집되어 있다. 한국인들은 생필품을 구매하거나 한국

이스트우드 역 근처는 한국 상점들이 밀집한 지역이다.

병원, 한국 음식점, 각종 편의시설을 이용하고자 하는 경우 편하게 이 지역에 오면 된다.

눈에 띄는 여행사가 있어 호주 내 관광에 대해 상담해 보기로 했다. 호주 내의 관광 상품에 대해 상담을 하자, 이민 20년 차라는 중년 여성이 시원하고 친절하게 상담을 해준다. 이런 저런 이야기를 하면서 호주에 체류하는 동안 필요한 관광 관련 지식을 얻어 나왔다. 더운 날씨에 걷기가 힘들었지만, 걸어서 한국 마켓으로 향했다.

한국 마켓에서 소고기를 사고자 했다. 한국에서 비싸서 쉽게 먹을 수 없는 소꼬리와 갈비용 고기를 구입했다. 호주에 있는 동안에는 틈나는 대로 한국에 비해 저렴한 가격으로 즐길 수 있는 소꼬리나 소갈비를 많이 먹자고 했다.[6]

오늘처럼 더운 날씨에 한국마켓에서 구입한 소고기 등을 집에까지 들고 가도 괜찮겠냐고 마켓주인에게 물었더니 괜찮단다. 그 말에 자신감을 갖고 식품을 배낭에 넣어 짊어지고 나왔다. 이스트우드 역에서 센트럴행 T1 기차를 타고 4정거장을 달려 로즈 역에서 내려 집으로 왔다.

오늘은 처음으로 시드니의 교통 시스템 속에서 기차 환승도 해 보고 버스도 타 보며 좋은 경험을 했다. 이제부터는 대중교통을 부담 없이 이용할 수 있겠다는 자신감을 갖게 된 기쁜 날이다.

....

6 호주의 소고기, 돼지고기 가격은 한국보다 20~30% 저렴하다. 저렴한 가격에 호주 청정 지역의 질 좋은 소고기를 접할 수 있다.

05
시드니 외곽의 농장 체험

시드니에 도착한 이후로 처음 맞이하는 일요일이다. 아침 일찍부터 식구들이 분주하게 움직이고 있다.

손녀 정윤이가 유치원^{Preschool}에서 행사를 하던 중 경품이벤트에 참가해 당첨된 쿠폰이 농장체험 무료입장권이란다. 오늘은 이 농장체험 무료입장권으로 농장체험을 해 보기로 해 준비를 서두르고 있다. 나도 지금까지 경험해 본 적이 없는 농장체험이어서 내심 호기심이 발동했다.

집에서 소풍 가는 것처럼 준비를 하고 승용차로 출발한 지 1시간이 채 안 되는 곳에 농장이 위치하고 있었다. 집에서 멀지 않은 곳에 체험 농장이 있어서 너무 좋았다.[7]

....

7 시드니 근교 농장 체험 (http://calmsleyhill.com.au/)
   시드니 중심에서 40~50분 거리에 있는 농장 체험장으로, 양털 깎기, 양몰이, 농장 트랙터 타기, 농장 동물 먹이주기 등의 체험을 할 수 있다.
   입장권: 어른 AUD $25.5 / 어린이(3−16세) AUD $15

농장에 도착하여 체험 프로그램을 살펴보니 아이들이 좋아할 수 있는 프로그램들이었지만 성인들도 함께 즐길 수 있겠다는 생각이 들었다.

먼저 코알라가 있는 곳으로 갔다. 한 쌍의 코알라가 나무에 앉아 있는데 나와 눈이 마주쳤다. 순한 모습의 코알라가 잠을 자지 않고 있어서로 교감을 할 수 있어 기뻤다.

코알라는 호주 남동부에 걸쳐 해발 600m 이하의 유칼립투스 숲에 서식하는 포유류 동물이다. 현지에서는 네이티브 베어*native bear*라고 불리기도 한다. 몸길이는 60~80cm이고, 다 자란 몸무게는 10kg 정도이다. 배에 육아낭이 있고 빛깔은 회색이나 갈색계통의 색이다. 코알라는 거의 유칼립투스 나무 위에서 생활하고 유칼립투스 나무에서 나오는 물을 주로 섭취하며 생활한다.

코알라는 보통 하루에 20여 시간을 잠을 자며 보낸다. 누군가는 코알라가 주식으로 하는 유칼립투스 나뭇잎에 마약성분이 있어서 늘 취해있는 거란다. 그동안 호주여행을 수차례 하면서 동물원에서 만난 코알라가 늘 잠자는 모습만 보여준 것이 떠올랐다. 그런데 이곳에서 눈을 뜨고 있는 코알라의 모습을 보게 되니 새롭고 기쁜 마음에 들떴다.

코알라의 주된 서식지 역할을 하는 유칼립투스 나무는 호주에 주로 분포하는 나무다. 자라는 속도가 빠르고 곧게 뻗는 편이어서 20m 이상 자란다고 한다. 큰 나무는 100m 이상인 것도 있다. 늙은 나무껍질은 잘 벗겨져서 시멘트기둥처럼 보인다. 다니다 보면 거리 곳곳에 있는 떨어진 유칼립투스 나뭇잎을 볼 수 있다.

유칼립투스 나무는 자라면서 수분을 많이 흡수하므로 집 근처에 심어 주변을 건조시키는 데 이용하기도 한다. 코알라는 이런 유칼립투스 나무 위에서 나뭇잎을 먹으며 산다.

그 옆에는 호주의 상징동물인 캥거루가 우리를 반긴다. 캥거루란 이름의 유래가 재미있다. 호주에 처음 도착한 이민자들이 두 발 달린 동물이 새끼를 배에 있는 육아낭에 넣고 뛰어다니는 것을 보고 "저것이 무엇이냐?" 하고 원주민에게 물었단다. 원주민이 '나도 모른다'는 의미를 가진 원주민어로 "캥거루"라고 대답한 데서 유래했단다. 캥거루는 앞다리가 짧고 뒷다리가 발달하여 강력한 점프력을 갖고 있어 한 번에 점프하는 거리가 5~8m가 된다고 한다. 낮에는 무리와 함께 그늘에서 쉬고, 해가 넘어갈 때면 먹이를 찾아 이동한단다.

트랙터를 타고 광활한 농장을 한 바퀴 도는 트랙터 타기 프로그램을 체험했다. 드넓은 농장을 트랙터가 끄는 마차 위에 앉아 구릉지를 오르내리며 관광하는 체험 프로그램이다. 트랙터를 끌며 익살스럽게 설명을 하는 농부와 함께 함성을 지르고 노래도 부르며 동심으로 돌아가는 재미를 느꼈다.

농장체험 프로그램 중 압권인 것은 먼 들판에서 양몰이 개의 출현과 함께 시작된 '양몰이 개의 쇼'였다. 양몰이꾼 여인의 호루라기 소리에 따라 들판을 뛰어다니며 양떼를 모는 모습은 관람객의 함성과 박수갈채를 받기에 충분했다.

마부의 말채찍 쇼가 있었다. 여러 종류의 말채찍을 갖고 등장한 마부가 말채찍을 이용한 다양한 솜씨를 숙련된 모습으로 관람객들에게 보여주는 쇼였다. 그런 다음 관람객에게 말채찍을 갖고 다루는 체험의 기회를 주기도 했다.

동물 먹이 주기 체험 프로그램에도 참여했다. 축사에 들어가 양, 염소 등에게 직접 젖병을 들고 젖을 먹이거나, 또는 풀을 먹이는 프로그램인데, 생소한 체험을 할 수 있어 재미있는 경험이었다.

이런저런 농장 체험을 어른 아이 모두가 즐겁게 하고 나니 점심때여서인지 시장기가 돈다. 소풍을 온 듯 휴게실에서 식구들이 모여 앉아 집에서 만들어 간 김밥 등으로 늦은 점심을 먹고 집으로 돌아왔다.

농장체험을 하는 가족. 뒤로 축사가 보인다.

염소 풀 먹이기 프로그램. 평소에 쉽게 할 수 없는 체험이기에 더욱 재밌었다.

06
메모리얼 파크에서 갈매기들과 함께

아침에 손녀 정윤이가 다니고 있는 유치원 센터 근처의 공원에 다녀올 생각으로 정윤이 유치원preschool 가는 길에 동행을 했다.

유치원센터 근처에는 'Kokoda Track Memorial Walkway'라는 추모공원이 있다. 이 공원은 로즈 역 근처의 산책길과 연결된 지역에 1994년에 지역사회와 여러 후원단체의 후원으로 조성된 곳이다. 제2차 세계대전 당시 남서태평양 전쟁에 참전했던 군인들의 업적을 기리고 후세에 알려줌으로써 교육적인 효과를 얻게 하기 위하여 이 공원을 만들었다고 한다.

이곳 호주에서는 참전 군인들에 대한 사회적 인식과 국가의 예우가 각별하여 곳곳에서 그 모습을 읽을 수 있다. 이를 반영하듯 공원 내 숲길에는 22곳에 제2차 세계대전 당시 전쟁에 참여한 군인들의 모습과 전공을 기리는 기념비가 세워져 있다. 각각의 기념비 앞에 서면 음향센서를 통해 그들의 업적을 들려주고 있다.

이 메모리얼 파크에 들어서서 이곳저곳을 감상하며 걷다가 좀 더

메모리얼 파크 입구. 로즈 역 근처의 산책길과 연결되어 있다.

메모리얼 워크웨이 내의 기념비 음향센서. 제2차 세계대전에 참전한 군인들을 기리기 위한 자료로 만들어졌다.

걷기를 원하면 수변을 따라 조성된 아름다운 숲길을 걸을 수 있다. 집 근처에 있는 로즈 역에서 멀지 않은 메모리얼 파크에 있는 강 옆의 공원은 시간 나는 대로 자주 가서 즐기곤 했던 풍광이 아름다운 수변공원이다. 공원에 앉아 있으면 앞으로 페리가 지나가는 강이 있고 음식을 먹거나 독서를 할 수 있다. 편안한 가운데 갈매기들과 함께 어울려 수변에서 시간을 보낼 수도 있다.

메모리얼 파크의 수변공원. 이곳에 앉아서 독서를 하며 쉴 수 있다. 이 책의 많은 부분이 이곳에서 씌어졌다.

강가 공원에서 갈매기들과 함께

공원에서 휴식하며 주변 공원에서 노닐고 있는 갈매기들과 무언의
대화를 주고받으며 2시간 정도의 즐거운 시간을 보냈다. 그런 다음 점
심을 먹고 숲길을 따라 40여 분을 걸었다. 오른쪽 도로로 방향을 틀어
걸으니 버스정류장이 나온다. 잠시 머뭇거리다가 M41 버스가 다가오
기에 무작정 타기로 했다. 종점이 어디인지를 보니 맥쿼리대학이다.
며칠 전에 T1 기차를 타고 다녀왔던, 낯설지 않은 곳이어서 맥쿼리대
학까지 다녀오기로 했다. 버스를 타고 차창으로 시내 관광을 즐기며
40여 분을 달렸다.

맥쿼리대학 캠퍼스에서 내려 대학캠퍼스 이곳저곳을 산책하면서
즐거운 시간을 보내고, 맥쿼리대학 역 쪽으로 나왔다. 맥쿼리대학 역
에서 T1 기차를 타고 환승 경험도 하고 차창 관광도 할 겸 해서다.

일단 시드니 도심으로 가는 T1 기차를 탔더니 시드니 서쪽의 리치
몬드Richmond행 기차이다. 이 노선은 처음 타 보는 노선으로 시드니 북
쪽을 거쳐 도심을 지나 서쪽으로 가는 기차노선이다. 이 T1 기차를 타

고 시드니 북쪽의 모습을 차창으로 감상하면서 달려 하버 브리지를 건너 시드니 도심에 있는 윈야드^{Wynyard} 역에서 내렸다. 이 역에서 집 쪽으로 향하는 다른 기차인 에핑행 T1 기차로 환승을 했다. 도심의 복잡한 역에서 환승을 하여 집으로 가게 된 것이다. 안내 스크린을 보고 내가 타고 갈 T1 기차를 탈 플랫폼을 찾고, T1 기차 중 집 앞을 지나가는 에핑행 기차를 타고 가면 된다.

오늘은 두 번째로 OPAL 카드를 이용해 버스, 트레인을 타고 환승하는 요령을 직접 체험하며 터득한 하루였다. 조금은 힘들었지만, 요령

메모리얼 파크 옆 산책길. 기묘한 모습으로 높게 솟은 나무가 인상적이다.

을 터득한 기쁜 날이다.

다음 날 아침도 전날과 마찬가지로 손녀 정윤이가 다니고 있는 유치원 근처 메모리얼 파크 내 수변공원에서 오전 내내 독서를 하며 즐거운 시간을 보냈다.

바깥온도가 섭씨 35도를 넘어선다는 일기예보가 있더니, 정말 땅에서 뿜어져 나오는 지열이 대단하다. 걷기를 좋아하지만, 걸을 엄두가 나질 않는다. 건강을 생각해서 기차를 타고 기차 내에서 차창으로 관광을 하며 즐기기로 했다.

근처의 로즈 역으로 이동하여 T1 기차를 타고 시드니 도심을 통과해 시드니의 북쪽으로 달려가면서 시드니 북쪽의 풍광을 차창 밖으로 감상했다.

시원하게 냉방이 된 기차 안에서 차창 밖의 풍광을 감상하는 즐거움이 있다. 이런 즐거움도 크다는 생각에 이르자 길게 기차를 타 보자는 유혹에 빠져 에핑을 거쳐 북쪽의 혼즈비Hornsby까지 가보기로 했다.

에핑 역을 거쳐 혼즈비 역까지 가는 차창 밖의 풍경은 완전히 교외를 빠져나왔구나 하는 느낌을 갖게 하였다. 35도를 넘나드는 폭염 속에서 고생하지 않고 즐기는 기차여행의 기쁨도 적지 않다는 생각을 하면서 앞으로도 이런 기회를 자주 갖자고 아내와 이야기를 주고받았다.

비록 폭염 속이었지만, 어제와 오늘은 아침엔 메모리얼 파크 내의 잘 조성된 공원에서 갈매기들과 함께 보내고, 오후에는 T1 기차와 버스를 환승하면서 시드니의 지리를 익히며 기차여행을 즐겁게 보냈다.

07
페리를 타고 왓슨 베이로

오늘은 페리를 타고 시드니 항의 관문인 왓슨 베이Watson Bay를 다녀오기로 했다.

아침에 아들과 함께 승용차를 타고 집에서 멀지 않은 메도뱅크Meadowbank 선착장으로 향했다. OPAL 카드를 충전하고 있는데 배가 올림픽 파크 쪽 상류에서 선착장으로 들어오고 있다. 빨리 뛰어 서둘러 배에 승선했다. 페리에서 객실과 갑판을 오고가며 주변 풍광을 감상했다. 그렇게 40여 분이 지난 후 페리의 종점인 서큘러 키 선착장에 도착하였다.

오늘 가고자 하는 왓슨 베이에 가기 위해서는 이곳 선착장에서 다른 배로

메도뱅크 페리 선착장.

왓슨 베이 선착장. 서큘러키에서 왓슨 베이로
관광 오는 사람들로 북적인다.

갈아타야 한다. 승선 안내 전광판을 보니 왓슨 베이행 배가 20분 후에 출발한단다. 잠시 대합실에서 쉬면서 집에서 만들어 온 샌드위치로 점심을 해결했다.

승선시간이 다 되어 왓슨 베이행 페리를 타는 플랫폼으로 이동했다. 승선을 기다리고 있는 사람들로 북적인다. 그만큼 왓슨 베이가 유명세를 타고 있다는 얘기다. OPAL 카드를 기기에 인식시킨 후 페리에 승선했다. 2층 갑판에 올라 아름다운 시드니 항의 주변풍광을 즐겼다. 몇몇 곳에 정차하면서 30여 분에 걸친 항해 끝에 왓슨 베이에 도착했다. 선착장에 내리자마자 이곳의 상징물과도 같은 큰 One Tree나무 밑에 앉아 쉬기로 했다. 집에서 준비해간 과일 등을 먹으면서 본격적인 왓슨 베이 관광을 준비했다.

왓슨 베이에서 로버트슨 공원을 지나 동쪽 언덕을 오르면 겝팍^{Gap} Park이라는 이름이 붙어있는 절벽길이 나온다. 사암절벽 틈새로 보이는 남태평양 해안의 경치가 아름다워 붙여진 이름이다. 빠삐용 영화의 촬영지로 유명세를 탄 절벽 등

왓슨 베이 겝팍(GapPark)에서

해안가를 오르내리며 겹팍의 절벽 풍광을 즐겼다. 패키지여행으로 이곳에 온 것이 아니므로 예전처럼 시간에 쫓기면서 서두를 이유가 없었다. 시간적 여유를 갖고 이곳저곳 긴 시간에 걸쳐 남태평양의 바다를 바라보면서 해안의 풍광을 눈과 카메라에 담으며 만끽했다.

이곳은 시드니 항의 관문 역할을 하는 곳이다. 그래서인지 왓슨 베이의 안쪽과 바깥쪽의 모습이 달라도 너무 다르다. 바깥쪽은 거대한 남태평양에 접해 있어 강한 파도에 침식되어서인지 바위가 깊게 깎여 있다. 반면에 안쪽은 시드니 만을 껴안고 있는 어머니의 품처럼 경사가 완만한 가운데 파도도 잔잔하다.

마음껏 왓슨 베이의 절벽과 남태평양의 풍광을 즐기고 나서 선착장으로 향하다 보니 버스정류장이 보인다. 정류장 버스노선을 보니 그 유명한 본다이 비치Bondi Beach[8]를 거쳐 도심으로 가는 버스노선이 있는 것이다.

'페리를 타고 왔던 길을 되돌아갈까?', '버스를 타고 갈까?'를 고민했다. 페리는 몇 번 타 보았으니 타 본 경험이 없는 버스를 타고 버스 관광을 하는 것도 좋겠다는 생각으로 버스에 올랐다.

버스를 타고 지금까지 다니지 못한 주변 풍광을 감상하는 맛도 새로운 맛이 있었다. 버스는 해안의 이런 저런 풍광을 보여주며 달리더

....

8 Bondi Beach
 시드니 도심에서 차로 20~30분 거리에 있는, 가장 근접한 해안으로 접근성이 좋고, 넓게 뻗은 고운 모래사장으로 인해 관광객뿐만 아니라 현지인들도 즐겨 찾는다. 초승달 모양의 바닷가라 파도가 높아 서핑을 하는 사람들이 많다.

본다이 비치 전경.

니 본다이 비치 앞을 지났다. 본다이 비치는 시드니 도심에서 가까운 곳에 위치한 유명한 해수욕장이다. 젊은이들이 부담 없이 찾는 곳으로, 여행객도 시드니에 관광을 오면 꼭 들러야 하는 명소로 소문이 난 곳이다. 이곳에 오고 싶을 때 버스를 이용하면 어렵지 않게 올 수 있겠다는 생각이 들었다. 조만간 가족들을 동반해서 이렇게 와야겠다고 마음먹었다.

이렇게 내가 탄 버스는 본다이 비치를 지나 시드니의 메인 스트리트인 옥스퍼드 스트리트Oxford Street를 따라 1시간에 걸쳐 시드니 도심으로 들어왔다. 옥스포드 스트리트 양쪽으로 펼쳐지는 고풍스런 건물들은 호주 이민역사의 냄새를 물씬 풍겼고, 이들을 버스 차창 밖으로 감상하는 즐거움이 꽤나 컸다. 1848년에 문을 연 식민지시대 조지아 양식의 병영인 빅토리아 병영Victoria Barracks, 1890년에 지어진 옛 시청사인 구 타운홀Old Town Hall, 1988년 1월 26일에 호주 건국 100주년 기념식이 열렸던, 역사적인 장소로 유명한 센테니얼 파크Centennial Park 등을 감상하

는 차창 관광을 하며 달렸다.

　도심의 허파 구실을 한다는 하이드 파크Hyde Park 근처의 버스정류장에 도착을 하니 버스기사가 종점이라며 내리란다. 종점에서 버스를 내려 근처의 윈야드 역까지 거리를 감상하며 걸었다. 윈야드 역에서 에핑행 T1 기차를 타고 로즈 역에서 내려 집으로 돌아왔다.

　집으로 돌아오면서 널리 알려진 휴양지인 본다이 비치에 이렇게 버스를 이용해서 오는 방법도 있지만, 시드니 트레인을 이용해 올 수도 있다는 것을 알게 되었다. 어느 날 시드니 도심 지역에 나왔다가 기차를 타고 본다이 비치를 다녀오고자 했다.

　타운홀 역에서 본다이 정선Bondi Junction 역행 T4 기차를 타고 본다이 정선 역에서 내렸다. 역에서 내리기 전부터 기차 안은 본다이 비치에 가는 사람들로 붐비고 있었다. 역을 빠져나오니 역 앞에 본다이 비치행 버스를 타는 버스정류장이 있었다. 때맞춰 있던 버스를 타고 본다이 비치에 도착할 수 있었다.

본다이 비치에 도착해 우측 해변을 따라 트레킹을 하기로 했다. 본다이 비치를 왼쪽으로 내려다보면서 해안을 따라 오르다 보면 잘 다듬어진 아름다운 수영장과 함께 건물이 나온다. 본다이 아이스버그 클럽^{Bondi Icebergs Club}건물인데, 1880년에 지어졌다는 사교클럽 건물이란다. 해안 트레킹 코스를 따라 조금 더 오르다 보면 남태평양을 바라보는 전망이 좋은 모서리에 맥켄지 포인트^{Mackenzies Point}가 나온다. 이곳에서 강한 바람과 함께 밀려오는 파도를 감상하고 해변 길로 되돌아 나왔다. 오늘 본다이 비치에 오기를 잘했다는 생각을 하면서 버스정류장으로 향했다. 조만간 가족들을 동반해서 이렇게 와야겠다고 마음먹었다. 버스로 본다이 정선 역으로 와서 T4 기차를 타고 윈야드 역에서 에핑행 T1 기차를 타고 로즈 역에서 내려 집으로 돌아왔다.

본다이 비치 아이스버그 수영장. 아름답게 조성된 수영장이 보인다. 바닷물이 바위를 넘어 그대로 들어와 수영장 물이 채워진다.
그 뒤로는 1880년에 지어졌다는 사교클럽 건물이 있다.

본다이 비치 전망대. 아이스버그 수영장에서 해안 트레킹 코스를 따라 조금 더 오르면 나온다. 남태평양이 바로 보인다.

08
기차로 리치몬드를

오늘은 아침 일찍 리치몬드Richmond 행 T1 기차를 타고 기차여행을 할 생각으로 집을 나섰다.

로즈 역에서 T1 기차를 타고 에핑에서 내려 리치몬드 행 T1 기차로 환승을 했다. 그런데 오늘은 아침부터 비가 추적추적 내리는 가운데 내 몸이 정상적인 컨디션이 아니라는 것을 느꼈다. 기차 안에서 몸에 한기를 느껴 아내에게 이야기를 했다.

"이대로 여행하다가는 감기 걸릴 것 같다."

"쇼핑센터에서 옷을 사 입고 가던가, 아니면 여행을 포기하고 내려서 그냥 집으로 가자."

이렇게 내 몸의 컨디션이 갑작스레 안 좋은 것은 복장의 문제였다. 오늘 날씨가 좋지 않고, 기온이 급강하했음에도 불구하고 여느 때처럼 반바지에 반팔차림의 복장을 하고 기차를 탔던 것이 문제였다.

아내는 내 말에 동의를 하면서 제안을 했다.

"대형 쇼핑센터가 있는 채스우드Chatswood 역에서 내리자."

말로만 들었지, 처음 오는 지역이니만큼 역에서 내려서 역 주변을 돌아보기로 했다. 채스우드는 고층빌딩이 밀집한 지역으로, 이곳에는 한국인이 많이 거주한단다. 역에서 가까운 곳에 있는 상가 건물로 들어서서 이곳저곳을 둘러보다가 한인 슈퍼마켓과 한인음식점을 발견하고 이곳에서 음식을 먹으며 몸을 추스르기로 했다.

오랜만에 해장국과 육개장을 시켜서 나와 아내는 맛있게 먹었다. 점심을 한식으로 먹으면서 몸을 추스른 후 길 건너 대형 쇼핑센터로 들어섰다. 일단 보온용 옷을 사서 입기로 마음먹고 U매장에서 보온용 모직남방을 사서 그 자리에서 몸에 걸쳤다.

일단 따뜻한 음식을 먹고, 따뜻한 옷을 사 입고, 몸을 따뜻하게 하니 몸의 컨디션이 회복되는 것 같다. 이왕 이곳 쇼핑센터에 왔으니, 온 김에 이곳저곳을 둘러보기로 했다. 쇼핑센터를 오르내리다가 등산장비 매장이 눈에 들어온다. 뉴질랜드 상표인 K상품을 파격세일 중이다. 다가가 살펴보다가 1개 값으로 같은 색의 자켓을 두 벌 구입했다.

이렇게 구입한 자켓을 부부가 함께 입은 후 아침에 가고자 했던 목적지인 리치몬드 행 T1 기차에 올라탔다. 시드니 북쪽 지역과 하버 브리지를 지나 도심으로 들어온 기차는 1시간 반 만에 파라마타Parramatta, 블랙타운Blacktown을 거쳐 시드니 서쪽의 리치몬드에 도착하였다.

파라마타는 호주 제2의 오래된 도시라고 하는데, 오래된 도시답게 이민 초기에 지은 건물이 많고, 잘 보존되어 있어 파라마타만의 독특한 분위기를 자아내고 있다. 이후에 기차를 타고 다시 파라마타를 찾

앞을 때는 이렇게 기차를 이용해서 오는 것뿐만 아니라 서큘러 키 선착장에서 출발하는 파라마타행 페리를 이용해 올 수도 있다는 것을 알았다.

파라마타를 거쳐 블랙타운을 지나면서 차창 밖으로 푸른 전원풍경이 전개되기 시작했다. 이곳으로 계속 달리면 시드니의 유명한 산맥이자 관광지인 블루마운틴에 도착하게 된다.

들판에는 한가로이 노닐고 있는 말들의 모습이 차창 밖으로 보였다. 주변에 말 관련 비즈니스가 활성화되어 있을 거라는 생각이 들었다. 아니나 다를까 머지않은 곳에 경마장이 조성되어 있었다. 비가 추적추적 내리는 가운데 평화로운 전원풍경이 인상적이었다.

종착역인 리치몬드 역에 도착하니 조그마한 간이역 같았다. 일단 밖으로 나와 주변을 돌아보니 썰렁하기 그지없다. 역 앞에 레스토랑이 있다. 이곳에 들어가서 쉬기보다는 이곳을 출발하는 센트럴 역행 기차를 기다렸다 타고 집으로 돌아가는 게 낫겠다고 생각했다.

얼마를 기다려 센트럴 역행 T1 기차를 타고 출발했다. 이 기차는 모든 역을 서는 기차Unlimited Train가 아니었다. 모든 역을 서지 않고, 제한된 큰 역만 서고 작은 역은 통과하는, 우리말로는 급행열차Limited Train와 같은 거다. 급행열차를 탄 덕으로 환승역인 스트라스필드 역까지 빨리 올 수 있었다. 이곳에서 에핑행 T1 기차를 타고 로즈에서 내려 집으로 돌아와 휴식을 취했다.

오늘은 아침부터 날씨가 불순하고 몸이 좋지 않은 상태에서 여행을 감행하다가 몸이 안 좋아져 아차 했던 날이다. 여행을 하면서 건강의 중요성을 새삼 인식시켜준 하루였다. 이곳 호주에 체류하기로 한 75일 중 이제 10일밖에 되지 않았는데 벌써부터 몸 건강이 나빠지면 모든 여행계획이 차질을 빚고, 나아가 여행이 수포로 돌아갈 수도 있다는 생각을 했다.

건강을 먼저 잘 챙겨야 하고 싶은 여행도 잘할 수 있다는 경각심을 일깨워준 하루였다. 앞으로 건강을 잘 챙기겠다고 다짐해 본다.

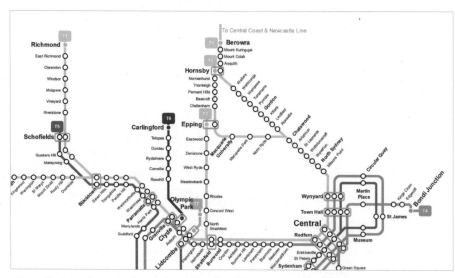

리치몬드행 기차 노선도. T1(노란색 노선) 기차 중 좌측 상단의 리치몬드(Richmond)로 가는 노선을 타야 한다.

09
달링하버에서 환상적인 식사와 불꽃놀이를

비는 어제에 이어 오늘도 내린다. 어제보다 더 주룩주룩 비가 내린다. 그래서인지 기온도 어제보다 더 내려가 있다.

어제 산 옷을 차려입고 기차로 바깥나들이를 다녀온 후 집 앞 쇼핑센터에서 먹을거리를 사서 집으로 돌아왔다. 오늘은 저녁때 집에 손님이 방문하기로 되어 있다. 손님은 아들과 며느리의 대학생 시절 인턴을 하면서 만남을 가졌던 친구란다. 2주 전에 회사에서 휴가를 받아 호주에 와서 여행을 하고 있는 친구란다. 그런데 호주 브리즈번으로 들어와 골드 코스트에서 서핑을 즐기다 발가락이 부러져 고생을 하고 있다고 했다. 여행하면서 발가락을 다쳤으니 얼마나 힘들었을까 상상이 된다. 이 친구는 발가락을 다쳐 초기에 귀국을 할 수 있었음에도, 여행을 포기하지 않고 멜번을 거쳐 시드니에 있는 친구들을 만나러 온 것이다.

오늘 저녁에는 어제 시드니에 도착한 아들 내외의 친구를 집으로

데판야끼. 철판에 볶아서 만드는 소고기 볶음 요리이다.

초대해서 저녁을 대접하기로 했다. 그동안 여행을 하면서 다리를 다쳐 고생했을 아들의 친구를 위해 고향음식을 먹으며 향수도 달래고 영양도 보충할 수 있도록 소위 데판야끼라고 부르는 소고기 볶음 요리와 된장국을 준비하기로 했다.

36살이라는 아들 친구는 저녁때 집을 방문했다. 첫인상이 좋아 보였고, 본 것처럼 붙임성도 있고 예의범절도 잘 갖춘 사람이었다. 발가락을 다쳐서인지 술도 한 잔 못 하며 그동안 고생한 이야기를 하는데 그 모습이 조금은 안타까웠다.

오늘은 집밥으로 향수를 달랠 수 있도록 준비했는데, 정말 음식을 맛있게 먹는 아들 친구가 보기 좋았다.

다음 날 시드니를 찾아준 친구와 호주에 온 우리 부부를 위해 아들과 며느리가 달링하버[9]의 하버사이드 상가 2층에 있는 일식집을 예약해서 함께 식사를 하기로 했다.

아들은 아침부터 친구를 만나 시드니 관광을 시키고, 저녁때 달링

....

9 달링하버 (http://www.arlingharbor.com)
달링하버에는 많은 이벤트와 볼거리가 가득하다. 달링하버 홈페이지를 활용해서 이벤트 일정을 확인해 보자. 연말에는 불꽃놀이도 해서 저녁에 방문하면 저녁식사를 하며 불꽃놀이를 즐길 수 있다.

달링하버의 길거리 공연. 젊은이들의 에너지가 넘쳐나는 공연을 볼 수 있다.

달링하버 피어몬트 브릿지 진입로, 달링하버를 가로지르는 다리이다.

하버의 음식점에서 나머지 식구들과 만나기로 했다. 이들을 제외한 나머지 식구들은 예약한 시간에 맞추어 집 근처의 로즈 역에서 T1 기차를 타고 도심에 있는 타운홀 역까지 갔다. 그곳부터 약속장소인 달링하버까지 도심구경을 하며 걸었다.

주말이라서인지 달링하버 주변은 관광인파로 붐빈다. 이곳의 광장 무대에서는 젊은이들이 비보이B-boy공연 같은 행사를 펼치며 관광객에게 볼거리를 제공한다. 재미있게 공연을 감상하고 약속 장소로 향했다. 달링하버가 한눈에 들어오는 하버 사이드 상가 2층에 위치한 일식집 '소렌조Sorenzo'이다.

우리 가족 5명과 아들 친구 모두가 오래 기억에 남을 즐거운 식사를 했다. 매우 럭셔리하고 격조 높아 보이는 광주리 크기의 그릇에 채워진 다양한 종류의 횟감과 해산물로 분위기는 고조되었다. 이 음식은 사전예약을 통해 특별 주문한 음식으로, 가격은 AUD^(호주달러) 250불짜리란다. 종업원 2명이 해산물이 담긴 광주리를 양쪽에서 들고 왔을 정도로 크기가 엄청났다. 식탁에 오르기까지 음식을 준비하느라 고생했을 셰프가 생각났다.

달링하버의 전망 좋은 시푸드 레스토랑에서 특별히 주문한 Seafood platter,
성인 5~6명은 배부르게 먹을 수 있다.

이런 음식을 처음 접한 나와 아내, 그리고 아들 친구는 탄성을 질렀고, 식탁 분위기는 고조되었다. 초대받은 입장에서는 '귀한 대접을 받는구나' 하는 생각이 들어 흐뭇했다.

즐겁게 식사가 마무리되어 갈 즈음에 이곳 달링하버 광장에서는 예정대로 저녁 9시에 불꽃놀이 쇼*Firework Show*가 벌어진단다. 그래서인지 이미 달링하버의 전망이 좋은 광장, 다리, 건물 등에는 불꽃놀이 쇼를 감상하려는 인파들로 붐비고 있다.

우리는 달링하버가 내려다보이는 음식점에 있으므로 별도로 이동하지 않고도 지근거리에서 환상적이고 화려한 불꽃놀이 쇼를 즐겁게 감상할 수 있었다.

달링하버의 야경. 어둠이 깔리면 달링하버의 멋진 야경을 마주하게 된다.

달링하버 불꽃놀이 이벤트. 달링하버의 환상적인 야경을 배경으로 화려한 불꽃놀이가 펼쳐진다.

'달링하버에서 럭셔리한 식사와 함께 불꽃놀이 쇼를 보면서 즐거운 저녁시간을 보낸 것은 오랫동안 시드니의 추억으로 남을 것 같다'는 생각을 하면서 시드니에서의 마지막 밤을 달링하버에서 더 즐기고 숙소로 가겠다고 하는 아들 친구와 작별을 했다.

두 가족 5명은 아름다운 달링하버의 시원한 바닷바람을 맞으며 야경을 감상하고, 이를 배경으로 인증샷을 찍었다. 달링하버의 밤 풍경을 보면서 '낮에 볼 때와는 또 다른 환상적 매력이 있는 곳이구나' 하는 생각이 들었다.

기차를 타기 위해 15분 정도 도심의 야경을 감상하며 타운홀 역까지 걸었다. 타운홀 역에서 T1 에핑행 기차를 타고 30여 분을 달려 로즈 역에서 하차해 집으로 왔다.

10
3대가 함께 크리스마스 기념사진을

크리스마스를 1주일 앞둔 일요일이다. 몇 년 전부터 매년 이맘때에 작은아들네 식구들은 크리스마스 기념 가족사진을 찍어왔단다.

"올해는 부모님도 계시니 함께 기념사진을 찍으러 가요."
"너희들끼리 가서 찍고 와라."
이렇게 아들네 제안을 처음엔 거절했다가, 거듭된 제안에 결국 함께 가기로 했다.

주말을 이용하여 사진을 찍으러 맥쿼리대학 앞의 쇼핑센터로 갔다. 쇼핑센터는 그 규모가 엄청나게 컸다. 먼저, 의류매장인 G매장에 들어갔다. 이곳에서 아들은 "크리스마스 복장을 만들어 입고 사진촬영 해요" 한다.

이런 이유로 크리스마스에 어울리는 복장이라고 할 수 있는 빨강색 티셔츠와 미색계통의 반바지를 사 주었다. 난 그 자리에서 방금 구입한 크리스마스 복장으로 바꿔 입었다.

이벤트홀에서 산타할아버지와 함께한 가족사진. 손녀의 말과 함께 하나의
추억이 되었다.

그런 다음, 쇼핑센터 내에 있는 U매장에서 나에게는 밝은색 반팔
남방을, 아내에게는 남방과 바지를 사주었다. 아들과 며느리가 작정
하고 사주는 것이니 부담 없이 즐겁게 입기로 했다.

"점심 먹으러 가요" 하는 아들 말에 아내가 "햄버거가 먹고 싶네" 하
며 제안을 한다. 식구 모두는 쇼핑센터 내의 푸드 코트로 이동해 점심
을 맛있게 먹었다.

이렇게 점심을 먹은 후 크리스마스 기념사진을 찍으러 쇼핑센터 내
에 있는 이벤트홀로 갔다. 이미 그곳에는 많은 사람들이 줄을 서 있
다. 우리처럼 크리스마스를 앞두고 추억을 만들러 온 것이다. 우리도
기다려 산타할아버지와 함께 크리스마스 기념사진을 찍었다. 즉석에
서 찍은 사진이 마음에 드는지를 확인한 후 주변 카페에서 커피 한잔

하면서 담소를 나누며 기다렸다가 조금 전에 찍은 가족사진을 받아볼 수 있었다. 식구 모두가 사진 내용에 만족해하며 즐거워했다. 그곳을 빠져나오면서 만 4살이 지난 손녀가 작년에 본 산타할아버지하고 올해 본 산타할아버지가 다르단다. 작년에는 수염이 하얀색이었는데 올해는 수염색깔도 다르고 땀도 많이 흘린단다. 손녀의 말에 며느리는 그럴 리가 없는데 하면서 궁색한 답변을 하느라 진땀을 뺀다. 쇼핑센터에서 즐거운 시간을 보낸 가족은 집에서 음식을 만들어 먹기로 하고 쇼핑센터의 슈퍼마켓에서 장을 보고 집으로 돌아왔다.

부지런히 오후 4시 예약시간에 맞추어 테니스를 치러 가기로 했기 때문에 서둘렀다. 집 앞에 있는 홈부쉬Homebush강 건너에 사는 지인의 도움으로 예약된 단지 내 테니스코트에서 테니스를 즐기기 위해서다. 아들과 1시간여 테니스를 즐겼다. 아들과 테니스를 친 것은 아들의 대학시절에 마지막으로 함께 친 이후, 오랜만이었다.

나는 그간 테니스 동호인 모임에서 매 주말 테니스를 즐겨오고 있다. 그러던 내가 호주 시드니에 온 이후, 그런 기회가 없었다가 드디어 오늘, 테니스를 쳐 보는 기회를 얻게 되었다. 오

아들의 대학시절 이후 오랜만에 함께한 테니스는 매우 즐거웠다.

랜만에 치는 테니스여서일까. 스트레스가 확 해소되는 것을 느낀다.

아들도 정신없이 일하며 살다 보니 운동할 수 있는 기회를 자주 못 가진다고 한다. 1년여 전에 부부가 라켓을 사놓고도 자주 운동을 할 기회를 못 갖는단다. 그래서일까, 오랜만에 나와 함께 친 짧은 테니스였음에도 아들은 운동으로 인한 쾌감을 무척이나 크게 느끼는 표정이다.

땡볕에도 불구하고 1시간여의 테니스가 무척이나 즐거웠다. 다음에는 시원한 아침에 테니스를 치면 더욱 좋겠다는 생각이 슬그머니 고개를 든다. 일주일 정도 지난 주말, 내가 원하던 아침 8시에 다시 테니스코트를 예약할 수 있었고 테니스를 좀 더 쾌적한 날씨에 즐길 수 있었다.

우리가 테니스를 즐기고 있는 동안, 며느리와 손녀는 단지의 옥외 수영장에서 수영을 즐겼다. 이곳 아파트단지가 워낙 크기 때문일까. 단지 내에 다양한 스포츠를 즐길 수 있는 시설들이 만들어져 있었다. 실내수영장, 피트니스센터, 테니스코트, 옥외수영장 등의 시설이 있다. 단지 내 거주자들이 예약을 한 뒤에 시설물을 이용하고 있단다. 다행히도 그곳에 거주하는 지인이 있어 우리 식구들이 오늘 이렇게 이용을 할 수 있었다.

오늘은 이렇게 가족과 함께 즐거운 시간을 보내고 집으로 돌아왔다. 같이 오기를 사양하고 집에서 쉬고 있던 아내가 맛있는 음식을 만들어 놓았다. 꼬리곰탕을 준비해 주어 맛있게 먹고 저녁산책을 나갔다. 저녁때 식사 후 1시간 정도 강가를 산책하는 즐거움도 있는 터라 오늘도 강가 산책로를 따라 걷고 돌아왔다.

PART 2

시드니 외곽으로
날갯짓

01
블루마운틴으로 기차를 타고

어느 정도 시드니 교통체계에 익숙해졌다고 생각하게 된 부부는 용기를 내어 블루마운틴을 기차로 다녀오기로 했다.

아들 부부의 염려를 뒤로 하고 아침 일찍 집을 나섰다. 집 근처의 로즈 역에서 센트럴 역행 T1 기차*city circle train*를 타고 4정거장을 가서 스트라스필드 역에서 내렸다. 이곳에 9시 30분에 도착하는 블루마운틴행 기차*inter city train*를 환승하여 타기 위해서다. 복잡한 안내스크린을 보면서 블루마운틴행 기차가 들어오는 플랫폼을 찾아 블루마운틴행 기차에 올랐다.

블루마운틴 라인 노선도. 노선의 좌측, 위로 꺾이는 곳에 카툼바 역이 있다.

블루마운틴은 시드니 도심에서 100km 정도 떨어진, 해발 1,000m 정도에 있는 넓은 산악지대로 2000년 세계문화유산으로 지정된 곳이다. 블루마운틴의 이름은 이곳의 주된 수종樹種인 유칼립투스의 증발하는 유분이 태양광에 비쳐 멀리서 보면 파랗게 보인 데서 유래했단다.

1시간 40여 분을 서쪽으로 달려 블루마운틴의 입구라고 불리는 카툼바Katoomba 역에 도착하였다. 많은 관광객들로 붐비는 가운데 역을 빠져나오니 눈앞에 Tourist센터가 보였다. 사람들에게 치이며 밀리다시피 하면서 들어갔다. 블루마운틴 관광[1]에 대한 프로그램 설명을 듣고 나서 블루마운틴 전체를 버스로 여행할 수 있는 익스플로러 버스Explorer Bus와 시닉월드Scenic World를 동시에 즐길 수 있는 패키지 프로그램 티켓을 구매했다.

익스플로러 버스는 Hop On, Hop Off이 가능한 버스란다. 하루 종일 내가 원하는 버스정류장에서 언제나 내렸다 타는 것이 가능하단다.

길 건너 버스정류장에서 10여 분을 기다려 빨간색 2층 버스에 탔다. 오른쪽 손목에 매단 인식표를 센서에 인식시킨 후 탈 수 있었다. 버스기사는 운전만 하는 게 아니라 관광가이드 역할까지 친절하게 해 주고 있다.

....

1 Blue Mountain 투어 (http://www.scenicworld.com.au/)
   블루마운틴 투어는 여행사 1일 관광 상품을 이용하여도 되고, 기차로 직접 가 보는 것도 좋다. 기차로 투어를 하는 경우, Katoomba Station에서 투어버스를 이용하면 편리하다. (http://www.explorerbus.com.au/)

블루마운틴 전체를 버스로 투어 할 수 있는 익스플로러 버스. 하루 중 언제든 내가 원하는 정류장에서 내리고 탈 수 있는 Hop On−Hop Off 버스이다.

버스를 타고 제일 먼저 도착한 곳은 시닉 월드이다. 이곳은 원래 석탄을 채굴하던 탄광 지역이었다. 폐광된 이곳이 관광지로 개발돼 블루마운틴 관광의 상징 지역으로 자리 잡았다는 거다.

시닉 월드에는 레일웨이^{Railway}, 워크웨이^{Walkway}, 케이블웨이^{Cableway}, 스카이웨이^{Skyway}가 있다.

먼저 레일웨이를 체험하기로 했다. 급경사에 설치된, 예전에는 석탄을 운반하던 트롯코라고 하는 궤도차를 타고 52도의 급경사를 몇 분에 걸쳐 내려가는 짜릿한 스릴을 맛볼 수 있는 곳이다. 트롯코에서 내려 경사로를 따라 내려가면 석탄을 채굴하던 현장의 모습을 재현해 놓아 과거의 모습을 느낄 수 있다. 과거 석탄 운반 시 사용하던 광차, 갱도, 공구, 사무실 등을 그대로 전시하고 있다. 그 옆에는 석탄을 운반하던 당시의 모습을 동상으로 만들어놓고 있어 많은 이들의 호기심을 자아낸다.

블루마운틴 케이블웨이. 호주에서 가장 경사가 심하다고 하는
케이블. 한 번에 70명, 거리 545m의 절벽을 오르는 케이블이다.

블루마운틴 워크웨이. 걸어서 깊은 원시림을
지날 수 있다. 블루마운틴의 심장부를 걷는 것
은 꽤나 매력적이다.

이곳을 지나면 관광객 각자의 사정에 따라 길게 또는 짧게 선택적으로 워크웨이를 즐길 수 있다. 난 1시간 정도의 시간을 두고 워크웨이를 즐기고자 했다. 깊은 원시림 속에 잘 조성된 나뭇길을 따라 마음껏 블루마운틴의 심장부를 걷는다는 매력에 푹 빠졌다. 걷다가 나무로 만든 쉼터에 앉아 준비한 도시락을 먹는 재미도 꽤 컸다.

워크웨이를 빠져나와 호주에서 경사가 가장 심한 케이블카인 케이블웨이를 타고 올라오기로 했다. 한 번에 70여 명을 태울 수 있는 케이블카에 타고 거리가 545m에 이르는 절벽을 가파르게 올라오면서 블루마운틴을 조망하는 즐거움을 만끽했다.

시닉 월드의 플랫폼으로 올라와 잠시 휴식을 취한 뒤, 스카이웨이 승강장으로 향했다. 스카이웨이를 타고 건너편 봉우리로 건너가기로 했다. 승강장에서 봉우리와 봉우리를 연결해 놓은 케이블카를 탑승하고 보니 케이블카 바닥에 천길 계곡 밑을 볼 수 있는 유리바닥이 설치되어 있다. 유리바닥을 통해 계곡 밑을 보니 오금이 저리는 느낌도 든다. 케이블카의 차창 밖으로는 어마어마한 블루마운틴의 장관이 눈앞에 펼쳐진다. 왼쪽에는 폭포가 보이는데 낙차가 209m나 되는 카툼바 폭포였다. 아울러 건너편 봉우리 근처에 있는 블루마운틴의 상징인 세 자매 바위The Three Sisters가 시야에 들어온다.

케이블카를 타고 건너간 다음, 다시 왔던 시닉 월드의 플랫폼으로 되돌아올 수도 있으나, 봉우리를 감싸는 트레킹을 하기로 했다. 40여 분을 블루마운틴의 장엄한 스카이라인과 아름다운 풍광을 감상하면서 걸어서 도착한 곳은 에코포인트Eco Point이다.

블루마운틴의 전경. 사진의 중앙에 블루마운틴의 상징인 세 자매 바위가 보인다.

블루마운틴의 스카이라인과 상징물이기도 한 세 자매 바위와 그 주변의 풍광을 가슴과 눈에 담고서 카메라로 인증샷을 찍었다. 몸과 마음이 그 어느 때보다도 힐링받는 느낌이었다.

"오늘 이곳에 오기를 잘했다."

이런 생각을 하면서 휴식시간을 가진 후, 근처 버스 정류장에서 익스플로러 버스를 탔다. 버스를 타고 이동하는 동안 버스기사가 블루마운틴에 대한 설명을 거침없이 쏟아낸다.

덕분에 지루함 없이 블루마운틴의 이곳저곳을 설명을 들으며 감상했다. 기사의 설명이 이어지는 가운데 버스가 리우라Leura 역 근처에 다다르자, 3시 50분에 카툼바 역이 아닌 리우라 역에서 시드니행 기차를 탈 수 있단다. 카툼바 역까지 가는 시간을 절약할 수 있겠다는 생각이 들어 카툼바 역을 한 정거장 못 간 리우라 역에서 내려 시드니행 기차를 타고 집으로 돌아왔다.

블루마운틴을 오늘로 4번째 다녀왔는데 오늘의 여행은 부부가 자유롭게 즐기는 여행이어서인지, 그 어느 때보다도 만족감이 큰 여행이었다.

뉴캐슬 근처 휴양지로 가족여행

아들네 가족과 함께 크리스마스 연휴를 맞이하여 1박 2일 일정으로 시드니에서 약 3시간 거리에 있는 뉴캐슬New Castle 근처의 휴양지에 가족여행을 다녀오기로 했다.

이것저것 먹을 것과 여행 짐을 꾸려 승용차에 싣고 센트럴 코스트Central Coast의 해안도로를 따라 달려 도착한 곳은 뉴캐슬 근처 넬슨 베이Nelson Bay의 돌고래 출몰 관광지이다. 이곳에서 '돌핀 크루즈Dolphin Cruise'를 타고 30여 분 바다로 나가 넬슨 베이 근처에 출몰하는 돌고래를 감상할 수 있단다.

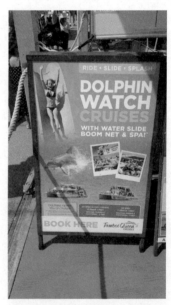

돌고래 크루즈 간판. 크루즈 관광 중 돌고래들이 크루즈를 따라오는 것을 볼 수 있다고 한다.

돌고래가 출몰한다는 보장은 없지만 자연 상태의 돌고래들을 만날 수 있기를 기대하며 크루즈에 올라 30여 분을 바다로 나아갔다. 선장이 넬슨 베이 근처에 배를 세우니 여기저기서 돌고래들이 파도를 가르고 물 밖으로 튀어 오르며 우리들 앞에서 재롱을 보인다. 수족관이 아닌 자연 그대로의 상태하에서 돌고래 쇼를 보니 장관이었다. 돌고래의 출몰에 탄성을 지르며 재미있게 돌고래 쇼를 감상하고 항구로 되돌아왔다. 되돌아오는 길에 배의 뒤쪽에 슬라이드를 설치해 배 뒤의 그물망으로 미끄러져 내려와 바닷물 속에서 바다를 즐길 수 있도록 해놓았다. 용기있는 관광객들이 경쟁하듯 슬라이드를 즐기고 있다. 바닷물의 수온이 낮아서인지 많은 이들이 한기를 느끼는 듯했다.

넬슨 베이의 돌고래 체험 프로그램을 즐기고 나서 찾아간 곳은 이곳에서 멀지 않은 포트 스테판Port Stephens에 있는 'Murray Wineary'라는 와인 시음장이다. 들어서자마자 보이는 시음장의 분위기는 '역시나 많

돌고래 크루즈를 타고 돌고래 서식지로 가게 되면, 크루즈 선박 근처에서 돌고래들이 물 위로 튀어 오르며 관광객들을 반긴다.

와이너리에서 손녀와 함께. 하우스 와인과 맥주를 직접 만들어 파는 곳이다.

은 관광객이 찾는 곳이로구나' 하는 생각이 들었다. 하루 행사를 마무리하는 시간대여서인지 이 와이너리의 방문객은 우리뿐이다.

하루 업무가 끝나는 시간대여서 먼저 로컬 맥주를 사겠다고 말하였다. 종업원의 눈치를 보면서 시음이 가능하냐고 했더니 흔쾌히 응해준다. 그곳에서 직접 생산하고 있다는 다양한 종류의 로컬 맥주를 시음을 한 후 맥주 몇 박스를 사가지고 나왔다.

저녁때가 다 되어 다른 곳을 방문하려던 계획을 뒤로 미루고 30여 분을 차로 달려야 도착할 수 있는 숙소로 가기로 했다.

오늘 숙박하게 될 예약된 호텔은 뉴캐슬New Castle에 있다. 뉴캐슬의 숙소까지 아름다운 주변 풍광을 감상하며 달렸다. 예약한 숙소는 뉴캐슬 역 근처의 고풍스런 분위기가 느껴지는 지역에 있는 요리가 가능한 호텔이다.

호텔에 여장을 풀고 준비한 음식재료로 음식을 만들어 저녁을 먹고 즐기면서 휴양지에서의 첫날을 보냈다.

다음 날 아침, 모두는 아침식사를 하기 전에 호텔 주변의 공원을 산

호텔 앞 뉴캐슬 역 건너편의 공원. 넓은 잔디밭을 손녀가 마음껏 뛰어가고 있다.

책하기로 했다. 호텔을 빠져나와 뉴캐슬 역 건너편의 공원에서 추억
을 만들며 재미있게 즐기는 시간을 가졌다.

그런데 이곳은 뉴캐슬 항구가 개항할 당시부터 활발하게 개발이 이
루어진 곳으로, 개항 당시 초창기 건물들이 세월의 무게를 이기고 아
직도 건재하게 버티고 있다. 그런 오래된 건물 앞에서 인증샷을 찍으
며 즐거운 시간을 보내고 호텔로 돌아왔다.

아침식사를 끝낸 후 30여 분 달려 찾아간 곳은 안나 베이^{Ana Bay}의 사
막 해변이다. 우리에게는 포트 스테판으로 잘 알려진 곳이다.[2] 시드니

....

2 Port Stephens 투어
   현지 여행사의 1일 관광상품을 이용하면 사막 썰매, 돌고래 투어, 와인농장을 하루에 즐
   길 수 있다. Nelson Bay에는 돌고래 투어 업체들이 있어 시간대별로 예약이 가능하다.
   http://www.portstephens.org.au/

포트 스테판 안나 베이의 사막 해변. 사막과 해변이 맞닿은 특이한 지형이다.

에 관광을 오게 되는 경우, 이곳 사막과 어제 갔던 와이너리를 하루에
체험하는 일정이 일반적인 관광코스다.

이 사막해변은 사막과 해변이 맞닿은 지형적 특색을 지니고 있는,
세계에서 몇 안 되는 곳 중의 한 지역이다. 약 30km에 이르는 넓은 지
역이 모래사막이다. 예전에 관광으로 이곳에 왔을 때 푹푹 빠지는 모
래언덕을 올라 꼭대기에서 샌드보드에 몸을 싣고 미끄러져 내려오면
서 동심으로 돌아오며 즐거워했던 기억이 난다.

이곳의 모래언덕을 오늘은 오르지 않고, 해변으로 향했다. 해변은
완만한 경사를 이루고 있으며, 콩가루 같은 하얀 모래가 넓게 펼쳐진
백사장이 끝없이 이어진다. 온 가족이 오랜만에 동심으로 돌아가 해
변에서 남태평양의 시원한 바닷바람과 함께 걷고 뛰며, 모래성을 쌓으
면서 즐거운 시간을 보냈다.

이곳에서 식사를 하려고 아무리 가게를 찾아도 없다. 유일한 카페
테리아가 있는데, 오늘은 휴일이라서 문을 닫았다. 그렇다 보니 이곳
에 온 관광객들은 음식을 먹을 곳이 없어 굳이 먹겠다면 다른 곳으로

이동을 해야 했다.

　한국에서는 이렇게 사람이 많이 붐비는 곳이면 휴일에 대박 조짐이 보인다고 하면서 이동 상점들이 진을 치고 있을 거라는 이야기를 주고받았다. 승용차를 타고 이곳을 빠져나와 이동했다.

　이곳을 떠나 시드니로 이동하면서 주변 풍광을 감상하며 센트럴 코스트Central Coast 지역을 통과하게 되었다. 시드니로 가는 길에 '펠리컨 먹이 주기 쇼'로 유명세를 타고 있는 엔트란스The Entrance 지역에 들러 보기로 했다.

　여기에서는 매일 3시 30분에 주변에서 서식하고 있는 펠리컨들을 모아놓고 먹이 주기 쇼가 펼쳐진다고 한다. 우리는 늦은 점심을 서브웨이에서 샌드위치로 해결하고 '펠리컨 먹이 주기 쇼'가 펼쳐지는 곳으로 갔다. 이미 쇼를 보기 위해 많은 사람이 남녀노소를 가리지 않고 자리를 잡고 있다. 펠리컨들이 군무와 함께 먹이를 낚아채는 모습은

펠리컨 먹이 주기 쇼. 수많은 펠리컨들이 모여서 던져주는 먹이를 낚아채는 모습은 장관이었다.

장관이었다. 오늘은 워낙 많은 사람들이 모여서인지 질서유지가 잘 안 되어 먹이 주기 쇼를 일찍 끝냈다.

이후 손녀는 근처의 놀이터에서 놀이기구를 타고 놀았다. 나와 아내는 강변을 따라 걸으며 주변 풍광을 감상하는 시간을 가졌다. 센트럴코스트 지역의 엔트란스 관광을 끝내고 이곳을 부지런히 빠져나왔다.

1시간 정도 프리웨이를 달려 시드니에 있는 집에 오면서 다음엔 기차로 뉴캐슬 지역을 다녀오리라는 생각을 했다.

03
발모랄 비치와 양꼬치구이

크리스마스 휴일인 오늘, 집에서 멀지 않은 시드니 북쪽의 맨리Manly근처
에 있는 발모랄 비치Balmoral Beach를 아들네 가족과 함께 다녀오기로 했다.

　놀이기구, 야외용 돗자리 등 이것저것을 챙겨가지고 가느라 조금
늦게 출발을 했다. 그래서인지 집에서 30여 분 걸려 비치에 도착하였
으나 해변의 주차공간을 찾는 것이 쉽지 않았다. 주차는 운전하는 아
들에게 맡기고, 나머지 식구들은 일단 내려서 큰 나무 밑의 그늘에 돗
자리를 깔고 베이스캠프를 설치했다.

　이곳 발모랄 비치는 시드니에서 가까운 곳에 위치하고 있어 접근성
이 좋다. 천혜의 포구에 자리 잡고 있어 해변경사가 완만하고 파도도
거의 없어 아이들이 물놀이하기에 제격이란다. 그래서 시드니 사람들
이 많이 찾는 가족 휴양지이다.
　누가 조림을 했는지 해변을 둘러싸고 방풍림처럼 큰 나무들이 심어

발모랄 비치의 나무 그늘. 많은 사람들이 이 그늘 아래에서 쉬면서 해수욕을 즐긴다.

손녀 정윤이가 쌓은 모래성. 엄마 아빠와 함께
모래성을 쌓느라 시간 가는 줄도 모르고 놀았다.

져 있다. 이 큰 나무들이 강렬한 햇볕을 차단하고 그늘을 만들어 주어 그 밑에 돗자리를 깔면 굳이 비치파라솔이 필요 없다. 그래서인지 이곳 해변에는 다른 해수욕장에서 흔히 볼 수 있는 비치파라솔을 찾을 수가 없다.

손녀 정윤이는 보호 장비를 갖추고 아빠 엄마와 함께 물속에서 해수욕을 즐겼다. 손녀를 보니 강습을 받아서인지 두려움 없이 수영을 즐기는 모습이다. 수영을 하다가 지치면 해변에서 엄마 아빠와 모래성을 쌓으며 시간 가는 줄도 모른 채 즐겁게 논다.

발모랄 비치의 해변은 파도가 높지 않은 곳이라, 가족단위로 온 사람들이 많다.

　나와 아내는 돗자리에 앉아 해변의 모습과 가족들이 즐겁게 노는 모습을 바라보거나, 해변을 맨발로 걸으며 발모랄 비치의 풍광을 즐기기도 하고, 그늘 밑에서 낮잠을 즐기기도 하며 시간을 보냈다. 그야말로 힐링이 되는 것 같다. 손녀 정윤이가 가족들과 잘 어울리며 노는 모습을 보니 오늘 이곳에 오길 잘했구나 하는 생각이 든다.

　몇 시간을 해변에서 즐거운 시간을 보낸 후 해변의 한 점포인 '피시샵fish shop'에서 피시앤칩스fish&chips를 사서 요기를 했다. 영국의 전통음식으로 불리는 피시앤칩스는 영국이민자들이 많은 호주에서도 주식으로 자리 잡았다고 한다. 피시는 흰 살 생선에 밀가루와 튀김옷을 입혀 튀겨낸 음식이고, 칩스는 우리에게 프렌치프라이라는 이름으로 익숙한 기다랗게 썰어 튀긴 감자요리이다. 우리는 벤치에 앉아 피시앤칩스를 먹고 그곳을 떠났다. 집으로 돌아오는 길에 아들이 외식 제안을 한다.

　"양고기 맛집에서 꼬치구이 요리로 저녁을 먹는 게 어때요?"

　"맛있는 집이면 한번 가 보자."

이렇게 즉흥적인 결정으로 중국 조선족 출신의 부부가 운영한다는 양고기집을 가게 되었다. 한인들이 많이 사는 스트라스필드 지역 옆의 캠시Campsie 지역에 있는 양고기집을 차를 타고 가면서 맛집 예약을 하고 얼마 지나지 않아 목적지에 도착했다. 주변 쇼핑센터에 차를 주차하고 걸어가는데 주변거리에 스산함이 느껴진다.

찾아간 양고기 맛집 옥호가 '백○산'이다. 옆집은 폐업 중이고, 백○산 양고기집도 보기에는 초라하고 어수선해 보인다. 문을 열고 들어가니 홀이 조그마한데 이미 중국인처럼 보이는 일행들이 원탁테이블에 앉아 음식을 먹고 있어 홀이 꽉 차 보인다.

예약하고 온 사실을 홀에 있는 누군가에게 말하니 문밖으로 안내를 한다. 문밖으로 나가니 가설된 큰 공간이 나타나는데 이미 양꼬치 냄새로 가득 메워져 있었다. 안내하는 대로 한쪽 테이블에 앉아서 주문을 하고 기다린다. 먼저 숯불이 놓인다. 숯불 위에 꼬치를 올려놓고 구울 수 있도록 쇠로 만든 틀을 올려놓는다.

캠시 지역의 거리. 거리에 약간 스산함이 느껴지지만 맛있는 양꼬치집이 있다고 하여 찾았다.

백○산의 양꼬치. 걱정과는 달리 한국의 유황오리 고기를 먹는 것처럼 맛있었다.

얼마 지나지 않아 주문한 양꼬치 수십 개가 식탁에 놓인다. 처음 먹어 보는 양꼬치여서 굽는 요령에 대해 설명을 들으며 꼬치를 구워 먹었다. 두려움 반 기대 반으로 직화로 구워진 양꼬치를 먹는데, 걱정과는 달리 정말 맛있는 것이다. 나와 아내는 "한국에서 자주 다니던 유황오리집의 고기를 먹는 것 같다"고 하면서 양꼬치를 맛있게 먹었다.

무척 맛있게 양꼬치를 먹고 나니, 그동안 내가 양고기에 대해 "누린내가 나면 어떻게 해?" 하면서 가졌던 두려움이 사라지는 듯했다. 그동안 못 먹었던 보양식을 먹은 듯, 배도 든든함을 느꼈다. '양꼬치 집이 소문대로 맛이 있어 집에서 조금은 멀고, 보기에는 허름하기 그지없어도 찾게 되는구나' 하는 생각을 하며 집으로 돌아왔다.

오늘 가까운 발모랄 비치에 가서 힐링하고, 좋은 음식으로 보양을 하니 무릉도원에 온 것만 같다. 이보다 더 좋을 일이 있을까?

04
기차로 시드니 외곽여행

시드니에 온 지 3주가 되어 간다. 낯선 땅에서 즐겁게 여행하기 위해 부지런히 시드니의 대중교통 시스템을 익혀가는 중이다.

　시드니에는 버스와 함께 시드니 트레인 시스템이 잘 구축되어 있어 이 교통체계만 완벽하게 이해하고 있으면 스스로 대중교통을 이용해 시드니 지역을 나들이하는 데 큰 불편이 없겠다는 생각이 든다.

　시드니 트레인은 우리나라가 도시철도망과 수도권 전철망으로 구분되듯이 시드니 시내를 운영하는 시티 서클 트레인City Circle Train과 시드니 외곽 도시와 도시 사이를 운행하는 인터 시티 트레인Inter City Train으로 크게 나누어진다.

　시티 서클 트레인은 다시 T1부터 T7까지 노선이 나누어져 운행되고 있다. 시티 서클 트레인의 T1부터 T4 노선의 모든 기차는 레드펀 역, 센트럴 역, 타운홀 역을 통과한다. 인터 시티 트레인은 시드니를 중심으로 북쪽해안을 따라가는 센트럴 코스트 & 뉴캐슬 라인, 서쪽으로 가는 블루마운틴 라인, 남쪽해안을 따라가는 사우스 코스트 라인 South Coast Line, 그리고 남서부의 캔버라, 멜번 쪽으로 향하는 서던 하일랜드 라인Southern Highlands Line 등 4개의 노선이 있다.

그동안 시드니 시내를 운영하는 시티 서클 트레인 7개 노선 중 T1 노란색 노선을 이용해 시드니 지역을 다니며 관광을 했다. 오늘은 시드니 시내 T1부터 T7까지 노선 7개 가운데 T2 녹색 노선을 체험하기로 했다.

아침에 집 근처의 로즈 역에서 노란색 노선인 T1 도심행 기차를 타고 출발하여 시드니 도심의 윈야드 역에서 내렸다. 윈야드 역은 많은 기차노선이 교차하는 곳으로, 역 내부가 복잡하다. 같은 기차역이라 하더라도 노선에 따라 기차를 타는 플랫폼이 다르다. 안내 스크린을 살펴보고 그 안내에 따라 녹색 T2 라인 기차로 환승할 수 있는 플랫폼으로 가서 성공적으로 환승했다.

지도상에서 녹색으로 표시되는 노선인 T2 라인은 서울의 2호선 전철 노선과 같은 순환선이다. 녹색 T2 라인 기차는 서큘러 키 역, 센트럴 역을 지난 후 시드니 공항을 거쳐 시드니 남서쪽의 외곽으로 빠져나가는 노선이다.

한참을 달려 캠벨타운Campbelltown 역을 지나 종점인 맥아더MacArthur 역에서 내렸다. 잠시 벤치에 앉아 쉬면서 이것저것 두리번거리고 있는데 역 개찰구 한쪽 벽에 붙어있는 기차노선 안내도가 눈에 들어온다.

다가가 자세히 살펴보니 시드니 외곽으로 달리는 기차의 노선 안내도이다. 내가 서 있는 이 맥아더 역을 지나는 노선인 서던 하일랜드 라인을 따라 계속 가면 캔버라까지 갈 수 있는 것이 아닌가. 귀한 정보를 얻었다고 생각하고 이곳에 오길 잘했구나 하였다. 노선도를 카메라로 찍으면서 다음 기회에 이 철로를 따라 계속 여행해 보겠다고 마음먹었다.

맥아더 역 주변을 살펴본 후 점심을 먹고 다시 녹색 T2 라인 기차를 탔다. 이 기차가 시드니의 순환선이니 마냥 기차에 앉아서 차창 밖의 외곽 지역 풍광을 감상하며 여행을 하고자 했다.

기차는 우리가 맥아더 역을 올 때 녹색 노선의 T2 기차를 탔던 도심의 원야드 역까지 도메스틱 에어포트Domestic Airport 역, 인터내셔널 에어포트Int'l Airport 역, 센트럴 역, 서큘러 키 역 등 올 때 지나 왔던 철로를 그대로 달렸다. 그런 다음 타운홀 역, 센트럴 역을 지나더니 서쪽인 스트라스필드 역 쪽으로 향했다. 스트라스필드를 지난 녹색 노선의 T2 기차는 리드콤Lidcombe 역을 거쳐서 종점인 맥아더 역으로 향했다.

이렇게 작정하고 도전한 녹색 순환선인 T2 라인 기차를 완전히 체험한 후, 종점까지 가지 않고 리버풀Riverpool 역에서 내렸다. 여기서 다시 녹색 T2 라인의 기차를 거꾸로 타고 스트라스필드 역에서 하차했다. 집근처인 로즈 역으로 가는 노란색 노선의 에핑행 T1으로 환승하여 집 으로 돌아오는 것으로 오늘의 여행을 마쳤다.

오늘은 시드니에 온 이후 가장 알찬 교통정보를 얻은 날이다. 녹색

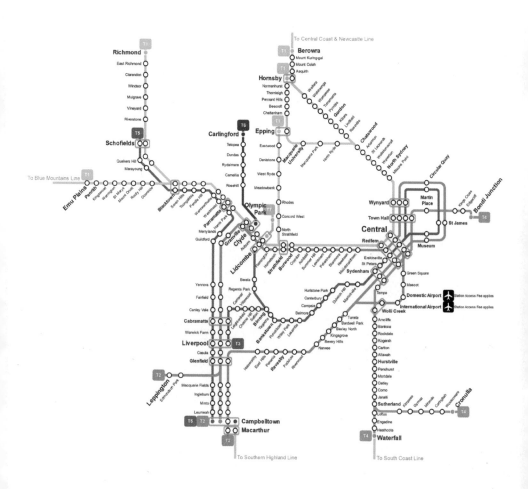

시드니 트레인 노선도. T1부터 T7까지 나뉘어 있다. 오늘 간 맥아더(Macarthur)역은 좌측 하단에 있는 T2 노선을 타야 한다.

T2 라인 기차 체험을 통해 여행 경로를 미리 파악할 수 있었다. 예를 들어 시드니 공항을 가고자 하면, 기차를 이용하면 된다는 것과 같은 것들 말이다. 또, 시드니 외곽을 여행하고자 하는 경우, 어떻게 준비하고 실행에 옮기면 되는지 알게 된 즐거운 날이다.

05
하버 브리지를 걸어서

오늘 아내는 집에서 쉬면서 음식을 만들 계획이라고 해 혼자서 시드
니대학을 방문하고 오겠다고 하면서 집을 나섰다.

집 앞의 로즈 역에서 센트럴 역행 T1 기차를 타고 시드니대학 근처
의 역인 레드펀Redfern 역에서 내렸다. 지도를 통해 확인하면서 10여 분
을 걸어 시드니대학 후문에 도착했다. 평생 대학에서 교수생활을 했
기 때문일까? 캠퍼스에 들어서자 먼 타향의 대학 캠퍼스임에도 마치
고향에 온 듯 마음이 평온해짐을 느꼈다.

우선 눈앞에 보이는 기념
품점에 들렀다. 어느 대학을
가나 그 대학의 분위기를 쉽
고 빠르게 접할 수 있는 곳
이 이곳이기 때문이다. 이

레드펀 역 근처의 시드니대학. 시드니대학이라고 적힌 비석이
있다.

것저것을 만지작거리다가 손주들에게 줄 요량으로 필기도구를 샀다. 부피도 작고 그냥 배낭에 넣어 다니기에 어려움이 없는 물건이라고 생각해서다.

기념품점에서 어느 정도 시드니대학의 분위기를 접한 후 본격적으로 캠퍼스를 돌아보기로 하고 발걸음을 옮겼다. 먼저 오래된 건물이 눈에 들어온다. 가까이 다가가 보니 'Old School'이라는 안내 표지판과 함께 설명이 되어 있다. 150년 전인 1877년에 지어진 건물이란다. 기나긴 세월을 버티며 역사를 간직하고 있는 건물 앞에 내가 서 있는 것이다. 이 건물이 시드니대학의 역사를 지켜보고 있었다고 생각하니 별안간 '와' 하는 탄성과 함께 경건해진다.

시드니대학 건물. 'Old School'이라는 안내 표지판과 함께 설명이 되어 있다.

시드니대학은 1850년에 설립된 공립종합대학이다. 세계 40위 안에 드는 명성을 자랑하는 대학이다. 대학 캠퍼스 내에서 오래된 석조건물의 위용과 건물 내의 강의실 등 역사가 서려있는 여러 모습을 둘러

시드니대학 건물   히포크라테스 흉상

보았다. 건물 내 복도 한편 벽에 흉상이 걸려있다. 다가가 자세히 보니 '의학의 아버지'로 불리는 히포크라테스의 흉상이다. 이 사진을 찍어 한국의 의사친구들에게 보내어 히포크라테스 선서를 상기시켰다.

　니콜슨Nicolson 박물관에서는 때마침 이집트 유물 등을 전시하고 있었다. 전시장 내에는 이집트 미라 등 고귀한 각종 유물들이 전시되어 있다. 우연히 방문한 나에게는 대학 박물관에서 전시하고 있는 귀한 유물을 볼 수 있다는 행운을 얻은 셈이었다.

　캠퍼스를 돌아보고 나서 학생회관 카페테리아에서 참치 샌드위치를 주문하여 맛있게 먹었다. 잠시나마 대학 교수 시절을 떠올리며 추억에 잠겼다. 학생회관 앞으로 걸어 나오는데 눈길이 가는 숲 속의 의자들이 있다. 이 의자를 사진 찍어 지인들에게 이런 멘트와 함께 바로 보냈다.

　"바삐 살아온 친구들, 이 의자에서 잠시 쉬었다 가시게."

시드니대학 학생회관 앞의 의자들. "바삐 살아온 친구들, 이 의자에서 잠시 쉬었다 가시게"

하버 브리지 다리 모습

캠퍼스를 산책하며 빠져 나온 뒤 이런 생각을 했다. "오늘처럼 날씨가 좋은 날, 하버 브리지를 걸어 보면 어떨까?"

생각한 김에 실행에 옮겨 보기로 했다. 대학 근처의 역인 레드펀 역에서 T1 기차를 타고 하버 브리지를 건너 가장 가까운 역인 밀슨스 포인트Milson's Point 역에서 내렸다. 역을 빠져나오니 다리 주변의 풍광이 그림처럼 펼쳐진다.

하버 브리지Harbour Bridge는 1920년대 세계 경제 대공황이 있던 당시에 공공고용창출정책의 일환으로 계획되어 10여 년에 걸쳐 완공된 다리이다. 지금은 오페라 하우스와 함께 호주를 대표하는 상징물로 자리매김하고 있다.

밀슨스 포인트에서 하버 브리지 위를 걸으며 본 풍경. 오페라하우스를 하버 브리지에서 내려다보는 모습은 장관이다.

하버 브리지에 오르니 다리를 걷는 사람이 꽤나 많다. 다리를 천천히 걸으며 난간 사이로 보이는 시드니 항의 모습을 눈에 담고자 했다. 눈에 보이는 시드니 항의 모습은 밑에서 볼 때와는 사뭇 다른 모습이다. 다리를 건너면서 오페라 하우스 주변의 풍경을 수시로 카메라에 담곤 했다. 시원한 바닷바람을 맞으며 30여 분 걷고 싶었던 하버 브리지 위를 걷는 쾌감이 꽤나 컸다.

하버 브리지에서 록스The Rocks 지역으로 내려와 이곳저곳을 돌아보고자 했다. 초창기 이민자들의 정착지였다는 이 지역의 체취를 나름대로 느낄 수 있는 시간이었다. 록스 광장을 둘러보는데 한가운데 세워져 있는 퍼스트 임프레션First Impression이라는 거대한 조형물이 눈에 들어온다. 호주에 처음 정착한 이민자들의 모습을 담고 있는 조형물로 사람이 돌에서 빠져나오는 듯 삼면三面이 음각으로 만들어져 있다.

록스 지역의 역사를 담고 있는 록스 센터Rocks Centre의 상점들을 둘러

퍼스트 임프레션. 호주에 처음 정착한 이민자들의 모습을 담았다.

서큘러 키 선착장에 정박되어 있는 대형 크루즈. 시드니에서 동남아, 남미 대륙까지 간다고 한다.

보고 나서 현대미술관 쪽으로 향했다. 현대미술관에 들어가 전시물을 감상하면서 휴식시간을 가졌다.

　서큘러 키 선착장 앞을 지나는데 엄청난 인파가 붐비고 있었다. 인파 속 여기저기서 펼쳐지는 다양한 길거리 공연들을 호기심을 갖고 보면서 즐거운 시간을 보냈다. 도심 쪽 언덕으로 맥콰이어 스트리트Mcaquaire st.를 따라 걸어 주립NSW 도서관에 들어갔다. 냉방이 잘 되어 있는 휴게실에서 얼음물로 몸을 추스르며 휴식을 취했다. 이어서 도서관 내부의 전시장에서 사진전을 감상했다. 전시된 사진들 중에 눈길이 가는 사진이 있었다. 갓 태어나 탯줄이 끊어지지 않은 상태인 아기와 산고를 이겨내고 행복한 얼굴로 생명 탄생의 순간을 바라보는 엄마의 모습을 담은 사진이었다. 무척이나 감동이 몰려왔다. 사진들을 감상한 뒤 아래층의 열람실로 들어갔다. 자유열람대에 앉아 독서를 즐기기도 하고, 컴퓨터로 무언가를 검색하기도 하는 사람들의 모습이 사뭇 진지하다.

NSW 주립 도서관.

NSW 주립 도서관 앞 정원의 조형물. 도서관에서 꿈을 키우라는 뜻으로 해석된다.

　도서관을 나서는데 도서관 앞에 조그만 정원이 있고, 그곳에 명칭을 써 놓은 푯말을 보니 'NSW # Dream Garden'이라고 되어 있다. 아마도 이 도서관이 꿈을 키우는 곳임을 알려주기 위함인 듯했다.

길을 걷는데, 야생돼지상이 눈에 띈다. 관광객들이 동전을 던지고 돼지
상의 코를 만지곤 행복해한다. 다가가 자세히 보니 연못 안에 동전을 던
져서 넣거나, 상자 안에 돈을 넣으면 행운을 가져다준단다. 또, 야생돼
지상의 코를 만지면 행운을 가져다준단다. 이런 속설 때문에 많은 이
들이 연못에 동전을 던지거나 상자에 기부를 하거나 돼지코를 만지는
거다. 나도 많은 이들이 만져 노랗게 된 청동 돼지코를 만지며 행운을
빌었다.

재미있고 알차게 하버 브리지
와 NSW도서관을 둘러본 후 근
처의 하이드 파크에서 휴식을 취
했다. 그런 뒤 타운홀 역으로 걸
어갔다. 이곳에서 에핑행 T1 기
차를 타고 로즈 역에서 내려 집
으로 왔다.

행운을 준다는 야생돼지상. 관광객들이 많이 만
져 코가 노랗게 닳았다.

06
손녀와 달링하버에서 추억을

손녀 정윤이와 함께 달링하버Darling Harbour에 다녀오기로 했다. 그곳에 가면 아름다운 전망과 함께 아이들이 마음껏 뛰어놀 수 있는 놀이터가 만들어져 있어 소풍 삼아 다녀오기로 했다. 시드니에 온 이후 처음 시도해 보는 이벤트라 내심 걱정을 하면서 간식, 옷가지 등 이것저것을 배낭에 넣어 둘러메고 소풍을 가듯 집을 나섰다.

집 근처의 로즈 역에서 센트럴 역행 T1 기차를 타고 출발하여 30여 분 걸려 도심의 타운홀 역에서 내렸다. 직접 달링하버에 도착할 수가 없어 가장 가까운 타운홀 역에서 내려 15분 정도 걸어야 한다.

타운홀 역을 빠져나와 걷고 있는데 얼마 못 가서 손녀가 할머니 등에 업힌다. 아내는 업어주는 것도 올해가 마지막이라고 하면서 손녀를 업고 걷는다. 차이나타운 쪽으로 내려가면서 손녀를 달래어 함께 걷거나 등에 업기를 반복하면서 어렵게 달링하버의 놀이터에 도착했다.

달링하버의 놀이터. 이곳에는 아이들이 체험하기 좋은 다양한 시설이 갖추어져 있다.

놀이터에서 놀고 있는 정윤이. 손녀가 정신없이
뛰어노는 모습을 지켜보는 것은 즐거운 일이다.

손녀의 안전사고를 우려해 곁에서 지키는 아내.
손녀와 놀아주면서 곁을 지켰다.

손녀는 물 만난 고기처럼 놀이터로 달려간다. 놀이터의 물놀이 시설에서 수영복 차림으로 아이들과 함께 어울려 물속에서 기구들을 타고 뛰어놀며 즐긴다. 또, 그네, 미끄럼틀, 그물망 오르기, 회전목마 등을 타며 즐거운 시간을 보낸다.

아내는 손녀의 안전사고가 염려되는지, 손녀가 자리를 옮기면 따라다니며 같이 동심으로 돌아가 놀아주거나 가까운 거리에서 지켜보고 있다. 나는 배낭과 짐을 지키며 손녀가 노는 모습을 기록으로 남기고자 수시로 사진을 찍느라 바쁘게 시간을 보냈다.

이렇게 정신없이 손녀는 손녀대로, 우리는 우리대로 놀다 보니 점심때가 되었다. 점심은 집에서 준비해 간 샌드위치로 해결했다. 근처 건물 1층에서 쉬면서 시간을 보낼 수 있는 휴게 공간이 있는 거다. 그곳에서 손녀는 크레파스로 그림을 그리며 즐기고, 나와 아내는 휴식을 취하며 얼마의 시간을 보냈다.

이후 달링하버 광장에서 펼쳐지는 길거리 공연을 감상하고, 아이스크림과 음료수를 먹은 후 다리를 건너 달링하버를 빠져나왔다.

손녀는 노는 게 힘들었는지 달링하버를 빠져나와 걷자마자 이내 할머니 등에 업히더니 곧 잠이 들었다. 녹초가 되어 잠든 손녀를 업기가 힘들어진 아내가 어디에서든 쉬었다가 가자고 한다.

이곳저곳을 살펴보다가 주변의 사무실 건물 1층에 들어가 로비에 있는 소파에 앉아 잠을 재우며 긴 시간을 쉬었다. 잠에서 깬 손녀는 다시 얼굴에 생기가 돌았다. 우리는 손녀와 함께 다시 충전된 몸과 마음을 갖고 가까운 곳에 있는 빅토리아 빌딩의 백화점으로 들어갔다. 백화점에서 손녀와 재미있는 추억의 시간을 보내고 싶어서였다.

옛날부터 운행되던 엘리베이터를 경험하고픈 생각이 들었다. 일부러 에스컬레이터를 마다하고 오래된 옛날 엘리베이터를 기다려 타고 올라갔다. 3층으로 올라와 이곳에서 건물을 만들 당시인 빅토리아 시절부터 동쪽과 서쪽 양쪽 천장에 매달려 있는 대형 시계들을 보고자 했다. 시계 설치물 곁의 움직이는 모습을 보고 신기해하기도 하면서 감상을 했다.

퀸 빅토리아 빌딩 내 쇼핑센터 모습. 3층의 동쪽과 서쪽에는 각기 다른 형태의 대형 시계가 매달려있다.

쇼핑센터 동쪽 시계.

쇼핑센터 서쪽 시계.

한쪽에서 펼쳐지는 피아노연주자의 연주를 감상하며 즐거운
시간을 보냈다.

또, 코끼리상에 올라타고 기념사진도 찍고 장난감코너에 들어가 이런 저런 소품들을 만져 보고, 감상하고, 눈에 담기도 했다. 한편, 한쪽에서 펼쳐지고 있는 피아노 연주자의 연주도 감상하며 즐거운 시간을 보냈다. 왕비 의자에 앉아 사진을 찍기도 하며 추억을 만들었다. 아래층으로 내려와서는 카페에 앉아 생과일주스도 먹어 보며 나름 재미있는 시간을 보냈다.

재미있는 시간을 보낸 손녀와 우리는 좋은 추억거리를 만들었다고 생각하면서 근처의 타운홀 역으로 향했다. 이곳에서 T1 에핑행 기차를 타고 로즈 역에서 내려 무사히 집으로 돌아왔다.

처음 시도한 '손녀와 함께하는 외출이벤트'는 성공적이었다. 다음에 또 기회를 만들어 손녀와 즐거운 시간을 함께할 수 있겠다는 생각이 드는 하루였다.

07
시드니 새해맞이 불꽃놀이 축제

오늘은 한 해를 마무리 짓는 마지막 날이다. 매년 12월 마지막 날, '한 해를 마무리 짓고 새해를 활기차게 맞이한다'는 의미를 담아 세계 곳곳에서 다양한 행사를 벌인다.

그중의 하나가 세계에서 가장 화려하고 웅장한 축제 중 하나로 꼽히는 시드니 신년 불꽃축제Sydney New Year's Fireworks이다. 이 불꽃축제는 시드니의 대표적 명물인 하버 브리지에서 12월 말일 저녁 9시와 자정 12시 두 번에 걸쳐 펼쳐진다. 저녁 9시에는 지난해를 보내며, 자정 12시에는 새해를 맞이하며 불꽃축제가 펼쳐진다. 새해를 맞이하면서 지구촌에서 가장 먼저 벌이는 축제가 이곳 시드니 불꽃축제이다.

이 축제를 보기 위해 세계 각국의 관광객 등 엄청난 인파가 몰려든다. 시드니 항의 하버 브리지에서 펼쳐지는 불꽃놀이 쇼를 보다 가까운 곳에서 볼 수 있는 오페라 하우스나 하버 브리지 주변에서는 하루 전부터 진을 치며 기다리다 축제를 보곤 한단다.

시드니에 사는 아들은 이 축제를 매년 직접 참여하고 있다고 하면서 같이 가자는 제안을 했다. 아들의 제안에 따라 아들네 식구들과 함께 불꽃놀이 쇼를 보러 가기로 했다. 차를 타고 가는 것을 포기하고 대중교통인 기차를 이용해 가기로 했다.

불꽃축제가 벌어지는 하버 브리지 부근에는 가까이 다가가 축제를 보고자 하는 관광객들로 붐벼 발 디딜 틈도 없다고 한다. 우리는 이런 붐비는 곳이 아닌, 조금 떨어진 곳에서 하버 브리지의 불꽃축제를 감상하기로 했다.

집 근처의 로즈 역에서 센트럴 역행 T1기차를 타고 40여 분 달려 하버 브리지를 지나 밀슨스 포인트Milson's Point 역 다음 역인 노스 시드니 North Sydney 역에서 내렸다. 역에서 내리니 여기도 인파로 붐비고 있다. 내심 걱정을 하면서 하버 브리지를 바라볼 수 있는 구릉지 근처까지 다가가긴 했으나, 인산인해인 데다가 경찰이 바리게이트를 치고 구릉지로 가는 진입로를 막고 있다.

사정이 이렇게 되고 보니, 우리는 이곳에서 불꽃축제를 직접 보는 것을 포기해야 하는 상황이 되었다. 난감한 가운데 그래도 시간에 여유가 있으니 장소를 옮겨 보기로 했다. 작년에 불꽃축제를 보았던 장소로 이동하잔다. 이곳에서 걸어서 20여 분 거리에 있는 웨이버튼 Waverton 역 근처의 언덕이란다. 발품을 팔아 도착한 언덕도 불꽃축제를 보러 온 인파로 붐볐다.

노스 시드니 근처보다 하버 브리지가 멀리 보이기는 하지만 전망이 좋아 불꽃축제를 감상하기엔 손색이 없다는 생각이 들었다. 하버 브리지가 한눈에 들어오는, 전망이 좋을 것 같은 곳을 찾아 인파 속을 비집고 들어가 자리를 잡았다. 직접 들고 간 접이식 의자들을 펼치고 편안하게 앉은 가운데 불꽃축제가 시작되기를 기다렸다.

우리는 간식을 먹으며 기다리다가 저녁 9시에 시작된 환상적인 불꽃축제를 직접 눈으로 감상하며 감격스러운 시간을 보냈다. 불꽃축제는 "이래서 시드니 불꽃축제를 세계인들이 손꼽아 기다리는 거구나" 하는 생각이 들 정도로 환상적이고 웅장했다.

불꽃축제를 보기 위해 자리 잡은 웨이버튼 역 근처의 언덕. 관광객들로 붐벼 조금 멀지만 비교적 자리가 있는 곳으로 가서 자리를 잡았다.

시드니 불꽃축제. 새해맞이 불꽃축제는 보지 못했지만, 9시 불꽃축제로 세계인이 손꼽아 기다리는 시드니 불꽃축제의 장관을 볼 수 있었다.

이렇게 저녁 9시에 시작된 쇼는 15분 정도 하버 브리지를 불꽃으로 수놓은 뒤 마무리되었다. 어렵사리 온 것을 생각해 욕심을 낸다면, 또 집에 가야 하는 문제가 없었다면, 자정까지 기다려 새해맞이 불꽃 쇼까지 보면 좋겠다는 생각을 했다. 하지만 손녀도 있고 차도 없어 빨리 자리를 떠 집으로 가기로 했다.

언덕을 내려와 웨이버튼 역까지 10여 분 걸었다. 이미 역 앞에는 우리처럼 기차를 타려는 사람들로 인산인해다. 기나긴 줄에 서서 기다리다 플랫폼으로 들어가 에핑행 T1 기차에 올랐다. 기차에 올라도 승객이 만원이라 발을 딛기 힘들 정도이다. 모두가 축제를 즐기고 가거나, 즐기러 가는 사람들이구나 하는 생각이 든다. 승객이 너무 많아 불편하고 힘든 것을 참다 보니 어느덧 무사히 로즈 역에 도착해 집에 왔다.

환상적인 불꽃놀이 쇼의 감동이 채 가시지 않은 상태에서 식구들이 모여 맥주 한잔을 기울이며 송구영신의 담소를 나누었다. 12시가 다가오면서 TV 앵커의 카운트다운에 맞추어 셋, 둘, 하나를 따라 외치며 새해를 맞이했다.

새해의 시작과 함께 TV를 통해 전 세계에 생중계되는 시드니 불꽃 축제를 보면서 다시 감동의 도가니에 빠져든다.

08

크로눌라 비치를 기차로

오늘은 시드니 남쪽 해안에 있는 크로눌라 비치^{Cronulla Beach}를 기차로 다녀오기로 하고 가족들은 준비를 서둘렀다.

이곳은 시드니 도심인 CBD 지역에서 25km 남쪽에 위치하고 있고, 기차를 이용하여 접근성이 좋아 많은 사람이 찾는 휴양지이다. 집 근처의 로즈 역에서 T1 기차를 타고 센트럴 역 전 역인 레드펀 역에서 내렸다. 이곳에서 크로눌라행 T4 기차로 환승하였다. 1시간 30분 정도 시드니 남쪽 외곽으로 달려 목적지인 크로눌라 역에 도착했다.

역에서 내리니 바로 크로눌라 비치의 입구로 연결된다. 잘 정돈된 각종 상가 등 편의시설이

크로눌라 비치 입구 안내표지판.

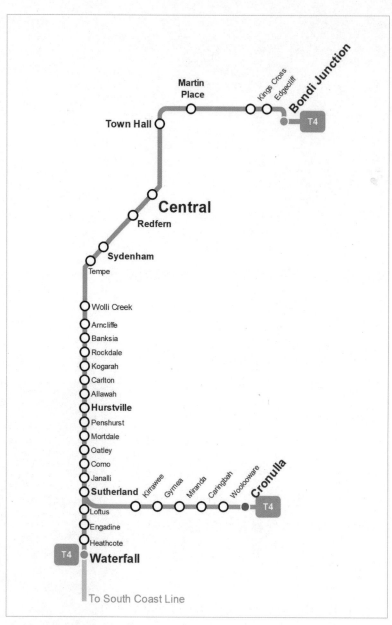

시드니 트레인 노선도. 크로눌라 비치로 가기 위해선 T4 노선의 우측 하단에 있는 크로눌라 역으로 가는 기차를 타야 한다.

즐비하게 들어서 있다. 상가 지역에서 점심을 해결하려고 상가를 둘러보았다. 치킨요리 전문점에 들어가 그릴에 구운 치킨과 햄버거, 그리고 칩스로 점심을 먹었다. 치킨전문점답게 치킨이 맛있었다. 음식점을 나와 상가를 벗어나니 곧바로 해변으로 연결되어 남태평양의 강한 바람과 넘실대는 파도가 눈앞에 펼쳐진다.

완만한 경사의 크로눌라 비치는 흰색의 콩가루 같은 모래사장이 펼쳐져 있고 이곳에서 많은 사람들이 해수욕을 즐기고 있다. 한편, 한쪽에서는 강한 파도 속에서 서핑을 즐기고 있다. 해변을 걷다 보니 바위를 다듬어 만든 노천 수영장에서 사람들이 수영을 즐기고 있다. 이 노천 수영장은 썰물 때만 즐길 수 있다고 한다. 지금은 마침 썰물 때라 수영장을 넘나드는 파도 속에서 수영을 즐기고 있는 사람들이 보인다. 밀물 때가 되자, 이 노천 수영장은 물에 잠겨 버렸다.

크로눌라 비치의 노천 수영장.

크로눌라 비치.

해변을 마냥 걸으면서 풍광을 즐기고 있는데 남태평양의 강한 바람과 파도를 이용해서 S.U.P.*Stand Up Paddleboarding*를 즐기는 사람들이 눈에 띈다. 이렇게 마냥 1시간 정도를 바닷바람과 파도소리와 어우러져 해변을 걸었다. 심호흡을 하면서 몸과 마음이 정화되는지 상큼해짐을 느낀다.

비치의 중간에는 관광객들이 먹고 마시며 쉴 수 있는 레스토랑과 카페건물이 들어서 있다. 이곳에서 해변을 바라보며 추억을 만들 수 있다. 그리고 그 옆에는 가족단위 관광객들이 다양한 놀이기구를 이용해 즐길 수 있도록 해 놓았다. 어린이 놀이터, 그네, 그물망 등의 놀이기구 등이 배치되어 있어 재미있게 시간을 보낼 수도 있다. 우리도 이곳에서 쉬면서 풍광을 즐기며 준비한 음식을 먹고 놀이터에서 손녀와 함께 재미있는 시간을 보냈다.

크로눌라 비치의 레스토랑 건물.

　이렇게 크로눌라 비치에서 한나절 시간을 보내며 식구들 모두가 만족한 가운데 또 하나의 추억을 만들었다. 막상 집으로 돌아갈 때가 되니 크로눌라 비치를 떠나기가 아쉬워 입구의 언덕에 앉아 비치를 바라보며 "언제 다시 와야겠다" 하며 생각한다.

　집으로 돌아오는 길에 집 근처의 쇼핑센터를 들를까 했지만, 손녀가 잠들어 있어 지나치기로 했다. 집 근처의 로즈 역을 지나쳐, 한국인이 많이 살아 한국마켓이 많은 지역인 이스트우드 역에서 내려 쇼핑을 했다. 이곳에서 생일케이크를 준비하여 내일 맞이하는 내 생일을 미리 축하하잔다.
　집에서 하루 먼저 생일파티를 하면서 아내, 아들, 며느리, 손녀 정윤이의 축하를 받았다.

얼마의 시간이 지난 어느 날 아침에 아들이 물었다.

"오늘은 어디에 가세요?"

"크로눌라 비치에 가서 즐기고 오려 한다."

"정윤이를 데리고 가면 어때요?"

"그러자."

그런 후, 손녀에게 물으니 같이 가겠다고 한다. 지난번에 손녀 정윤이를 데리고 달링하버에 가서 성공적으로 놀고 왔던 경험이 있어 자신 있게 준비를 서둘렀다. 이것저것 먹을거리와 옷가지 등을 챙겨 배낭에 짊어지고 집을 나섰다.

집 앞의 로즈 역에서 센트럴행 T1 기차를 타고 레드펀 역에서 내려 지난번과 같이 크로눌라 행 T4 기차로 환승하여 크로눌라 역에 도착하였다.

크로눌라 비치를 손녀와 함께 걸으며 남태평양의 파도를 즐겼다. 그러면서 도착한 곳은 해변 중앙에 있는, 손녀와 함께 놀았던 놀이터다. 이곳 큰 나무 그늘 아래에 있는 식탁에 자리를 잡았다. 이곳에 앉아 있으면서 놀이터에서 손녀와 놀기도 하고, 준비한 음식을 수시로 먹기도 하며, 즐거운 추억을 만들었다.

손녀가 우리와 함께 잘 놀아주어 고맙다는 생각을 하며 비치를 빠져나왔다. 근처 슈퍼에서 산 아이스크림과 시원한 음료들을 먹으며 걸어 크로눌라 역에서 센트럴 역행 T4 기차에 올랐다. 기차에 타자마자 이내 곯아떨어진 손녀를 등에 업고 레드펀 역에서 내려 에핑행 T1 기차로 환승하여 집 근처의 로즈 역에서 내려 집으로 돌아왔다.

PART 3

시드니 외곽을
날다

01
기차로 뉴캐슬을 여행

호주에 온 지 약 1달 동안 시드니 내 시티 서클 트레인*city circle train*의 T1~T4 노선까지 여기저기 직접 타고 다니면서 전체적으로 시드니의 기차운영 체계에 대한 윤곽을 잡고 이해할 수 있게 되었다.

오늘은 자신감을 갖고 인터 시티 트레인*inter city train* 4개 노선 중 하나인 센트럴 코스트 앤 뉴캐슬 라인*Central Coast & New Castle Line*을 타고 북쪽의 뉴캐슬에 다녀오고자 했다. 아침을 먹고 일찍 집을 나와 로즈 역에서 에핑행 T1 기차를 타고 5정거장 북쪽에 있는

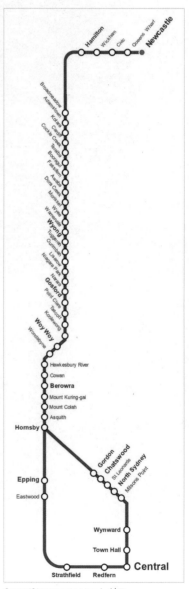

Central&Newcastle Line 노선도

에핑 역에 도착하였다.

센트럴 역에서 출발한 뉴캐슬행 인터 시티 트레인 기차를 이 역에서 환승해 타고자 했다. 뉴캐슬행 기차를 탈 수 있는 플랫폼을 찾아서 기다리다 10시 10분에 에핑 역에 도착하는 뉴캐슬행 기차를 탔다.

에핑 역에서 해밀턴Hamilton 역까지는 2시간 40분 정도의 시간이 걸렸다. 기차를 타고 가는 동안 차창 너머로 보이는 센트럴 코스트 등 바깥 풍경은 매우 아름다웠다. 기차로 여행하는 맛이 이런 것인가 하는 생각이 절로 들었다.

아름답게 펼쳐지는 주변풍광을 즐기면서 가다 보니 어느덧 목적지인 해밀턴 역이다. 기차에서 내려 플랫폼을 빠져나오니 버스가 기다리고 있다. 누군지는 모르겠지만 기차와 관련된 것으로 보이는 사람이 우리를 버스로 안내한다. 버스를 타면서 요금을 내려고 하니 무료란다. 아마도 뉴캐슬 역까지 가야 할 기차가 언제부터인지 가지 않고 해밀턴 역까지만 가기 때문인 것 같았다.

셔틀버스를 타고 30여 분 뉴캐슬 역까지 이동했다. 셔틀버스를 타고 뉴캐슬까지 가는 동안 뉴캐슬 곳곳의 고풍스런 모습을 차창으로 바라보며 즐길 수 있었다. 버스종점에서 내리니, 낯설지 않은 곳이다. 지난 크리스마스 휴가 때인 약 10일 전에 가족들과 함께 승용차로 뉴캐슬 지역 휴양지에 여행 갔을 때 하루 묵었던 호텔 앞이었다.

어쨌든 기차를 타고 와 보고 싶었던 곳에 어려움 없이 내려 다행이라는 생각을 하며 길 건너편의 공원으로 향했다. 공원 곳곳을 돌아다

뉴캐슬 비치에서

뉴캐슬 비치. 남태평양을 바라보는 조용한 해변을 따라 걸을 수 있다.

니며 추억을 사진에 담아내고 즐거운 시간을 보내고자 했다.

공원을 벗어나 언덕의 등대 쪽으로 발걸음을 옮기니 뉴캐슬 비치가 눈앞에 펼쳐졌다. 뉴캐슬 비치의 해변을 따라 걸어가며 주변 풍광을 감상했다. 남태평양의 조용한 해변을 따라 언덕을 오르니 등대가 나타난다. 그 자리에서 버티고 서 있던 세월을 보여주는 듯 등대 앞의 길거리 양쪽에는 오래되고 고풍스런 건물들이 아직도 존재하고 있다. 과거 번창했던 시절의 길거리 모습을 상상하며 길을 걷다가, 시장기가 돌아 주변 레스토랑에서 수제 버거를 주문했다. 주문한 음식을 먹고 가겠냐? 가지고 가겠냐? 하고 묻는다. 조그마한 레스토랑 안에서 먹을 수도 있지만 테이크 아웃^{take out}하겠다고 했다. 바깥 의자에 앉아 얼마를 기다려 주문한 음식을 봉지에 들고 나와 해변에 앉아서 남태평양의 모습을 감상하면서 먹었다.

비치에서 휴식을 취한 후, 버스를 타고 갈까 걸어서 갈까를 고민하다가 걸어서 뉴캐슬 역 버스 정류장까지 가기로 했다. 이 동네가 뉴캐슬 항 개항 당시부터 선원들 숙소 등 많은 이들로 붐볐던 지역임을 알

뉴캐슬 역 버스 정류장까지 가는 길의 마을.

뉴캐슬 항 개항 당시부터 선원 숙소 등으로 붐볐던 흔적이 남아있다.

수 있다. 지금까지도 그 당시의 모습을 간직하고 있어 걸으면서 오래된 건물들을 감상하고 싶었기 때문이다. 걷다 보니 오래된 건물 꼭대기에는 건축연도인 1922년 등의 숫자가 붙어 있다.

뉴캐슬에서 가장 오래된 호텔

　걸어서 동네를 감상하며 내려오니 어느새 호텔 앞이다. 호텔 앞의 공원에서 다시 한 번 지난 크리스마스 휴가 때 왔을 때처럼 추억을 만들고자 셀카를 찍고자 했다. 지나가는 호주 사람이 다가오더니 사진을 찍어주겠다는 제안을 하고 기념사진을 몇 장 찍어주고 간다.

이렇게 뉴캐슬 역에서 시작된 뉴캐슬 비치 관광은 마무리되었다. 지난번에는 아들네와 승용차로, 이번에는 부부가 기차로 뉴캐슬을 여행하고 돌아가는 것에 크게 만족했다.

지난번 묵었던 호텔 앞의 버스정류장에서 해밀턴행 버스를 타고 뉴캐슬 시내를 차창관광을 하면서 해밀턴 역에 돌아왔다. 얼마를 벤치에 앉아 쉬고 있으니 시드니행 기차가 들어온다. 기차에 타고 시드니의 에핑 역까지 차창으로 펼쳐지는 풍광을 감상하며 달렸다. 그런데 갈 때와 달리 올 때 탄 기차는 모든 역을 서지 않고 큰 역만 정차하면서 오는 급행Limited Train이었다. 그래서인지 갈 때 걸린 시간보다 30여 분 빨리 도착했다.

에핑 역에서 시티 서클 트레인인 센트럴 역행 T1 기차를 타고 5정거장을 달려 집 근처의 로즈 역에서 내려 집으로 왔다. 집에 오니 아들과 며느리가 무사히 도착한 것에 안도하며 한마디 한다.

"대단하시네요."

02
홈부쉬 만 둘레길

호주에 온 이후 거의 매일 아침마다 1시간 정도 걸으면서 운동을 하고 있다. 걷고 오는 곳은 홈부쉬 만Homebush Bay을 끼고 만들어진 시드니 올림픽 파크의 둘레길이다.

홈부쉬 만에는 시드니 올림픽을 준비하면서 만들어진 시드니 올림픽 파크가 잘 조성되어 있다. 아침식사를 하기 전에 산책길을 따라 걷고 달리며 몸을 추스르고 집에 들어와 식구들과 아침을 먹게 된다.

오늘은 어제 늦게까지 TV시청을 해서인지 아침에 일어나지를 못하고 내내 누워있었다. 나에게 보기 드문 현상이 나타난 것이다. 점심을 먹은 후 바이오리듬을 되찾을 겸 집 앞의 강을 끼고 조성되어 있는 홈부쉬 만 일대를 걸어서 완주해 보기로 하고 집을 나섰다.

아침마다 걷고 있는 길을 따라 배낭을 메고 걷기 시작했다. 매일 아침 걷다가 돌아오는 반환점까지 걸었다. 오늘은 작정을 하고 나온 터라 반환점을 지나 계속 숲길을 걸어갔다.

바이센테니얼 파크의 호수. 주변을 걸으며 마음이 평안해짐을 느낀다.

얼마간 계속 걸어가니 바이센테니얼 파크*Bicentennial Park*가 나온다. 그곳에 조성된 조그만 호수가 눈앞에 보인다. 호수 주변을 한 바퀴 걸으니 마음이 평안해짐을 느낀다.

호수 주변은 골프장에 온 것 같은 착각이 들 정도로 푸른 잔디가 깔려있다. 구릉지 사이사이에는 호주의 대표적인 수종인 덩치 큰 유칼립투스 나무가 심어져 있어, 나무 그늘에서 직사광선을 피하며 즐길수 있도록 해 놓고 있다. 또 잔디 공원 곳곳에는 음식을 해 먹으며 휴식하거나, 담소하거나 책을 읽으며 쉴 수 있는 크고 작은 공간들이 만들어져 있다. 또, 호수 옆 구릉지를 조금 오르면 어린이 놀이터가 있어 가족들이 즐길 수 있다.

이곳에는 자전거 대여소가 있다. 이곳을 찾은 사람들은 저렴한 비용으로 자전거를 대여해 홈부쉬 만을 끼고 만들어져 있는 시드니 올림픽파크의 둘레길을 따라 페달을 밟으며 마음껏 즐길 수 있다.

골프장에 온 듯한 느낌의 푸른 잔디

갈매기들도 나무그늘 밑에서 쉰다.

바이센테니얼 파크의 새들

바이센테니얼 기념탑 앞 공원분수대

이렇게 아름다운 호수, 갈매기, 휴게시설, 놀이터, 숲길 등을 보면서 여유롭게 설계된 이런 공원 속에서 자연을 즐기면서 사는 것도 큰 복이겠구나 하는 생각이 든다.

호숫가 지붕이 있는 탁자 의자에 앉아 호수를 바라보며 쉬고 있는데, 나무 그늘에 갈매기들이 모여 있다. 아마 갈매기들도 더운 날씨가 싫은가 보다. 내가 배낭에서 간식을 꺼내 먹자마자 음식냄새를 맡았는지 내 주위로 몰려든다. 내 간식을 떼어주며 갈매기들과 교감을 하는 즐거움이 크다.

바이센테니얼 기념탑 앞 공원

휴식을 가진 후, 이곳 호수 주변을 빠져나와 새천년 기념탑 쪽으로 향했다. 탑에 올라 주변을 조망하였다. 드넓은 시드니 올림픽 파크가 시야에 들어온다. 다시 내려와 걷고자 하는 방향을 가늠하고서 북쪽의 맹그로브 숲 쪽으로 가기로 했다.

맹그로브 숲은 아침마다 걸으면서 다녀오는 곳이다. 오늘은 시간에 여유가 있어 맹그로브 숲 속을 지나다가 통나무를 눕혀 만든 의자에 길게 누워 휴식을 취했다. 계속 산책길을 걷다 보면, 고니 서식지인 호수가 나온다. 호주 사람들이 생태계를 보전하려고 얼마나 노력하는 지를 단적으로 보여준다. 지나가는 사람들이 고니의 서식을 혹시라도 방해할까 봐 펜스를 설치해 놓고 있다.

숲길을 빠져나와 양궁경기장을 지나 시드니 올림픽 파크 선착장까지 걸었다. 이곳 선창가의 벤치에 앉아 강을 바라본다. 파라마타 시 선

맹그로브 숲. 아침마다 산책하러 가는 곳이다.

보행자와 자전거 및 공용버스의 통행만이 허용되는 '풋 브리지'

착장에서 시드니 항 서큘러 키 선착장까지 운행하는 페리도 감상한다. 또, 캡틴의 구령에 맞추어 카누를 즐기는 모습도 보인다. 이렇게 시원한 강바람을 즐기고 일어나 발걸음을 재촉했다. 지난해에 새로이 건설된 다리인 '풋 브리지'로 향했다.

'풋 브리지'는 홈부쉬 만을 가로질러 만들어진 다리임에도 불구하고 보행자와 자전거 및 대중교통 수단인 버스의 통행만이 허용되는 다리이다. 일반 승용차나 트럭 등의 차량 운행은 허용되지 않는다. 이렇게 강을 가로질러 다리가 만들어진 덕분에 10여 분 만에 다리를 건너서 집으로 돌아왔다.

오늘은 아침이 아닌 낮 시간에 리듬이 깨진 몸을 추스르고자 약 3시간에 걸쳐서 홈부쉬 만을 걸었다. 그동안 이곳에 체류하면서도 제대로 살펴보지 못했던 바이센테니얼 파크와 함께 시드니 올림픽 파크를 꼼꼼히 돌아보는 즐거운 시간이었다.

홈부쉬 만 강변 산책길.

03
바랑가루 해변과 록스 지역

1월 1일 새해 첫날 오전에 시드니 벨필드*Belfield* 지역에 있는 사찰인 정법사正法寺에 다녀오기로 했다.

나와 아내는 호주 시드니에 온 이후 시드니 내에 사찰이 있는지를 확인하고자 했다. 검색결과, 집에서 멀지 않은 스트라스필드 시와 인접한 벨필드라는 지역에 사찰이 하나 있었다.

새해 첫날, 가족 모두 20여 분을 승용차로 달려 정법사에 다녀오기로 했다. 정법사는 한국 통도사의 말사末寺라고 한다. 정법사의 법회시간에 맞추어 11시 즈음 도

벨필드 지역에 있는 정법사. 한국 통도사의 말사라고 한다.

착하여 신년 법회에 참석하였다. 이곳의 법회 참석은 처음인데, 생각보다 정돈된 느낌이 들었고 참석한 신도도 꽤나 많았다.

법문 시간에 많은 신도가 중·장년층임을 감안해서 한 법문 중에 마음에 와 닿는 내용이 있었다. 시드니에 온 많은 할머니, 할아버지들이 손주들을 돌보아 주고 있는데 그 모습이 3가지란다. 자식들이 돈 버는 동안 내가 손주를 돌보겠다고 하면서 매일 돌보는 일을 하는 부류, 나는 나대로 내 인생이 있으니 절대로 손주를 안 본다고 하면서 나 몰라라 하고 버티는 부류, 손주들이 보고 싶으면 와서 얼마 동안 돌봐 주고 갔다가 또 보고 싶으면 찾아와 돌봐 주며 사는 부류가 있다는 거다. 스님이 법회 참석자들에게 묻는다.

"이 중에 어느 부류의 할머니, 할아버지가 삶을 즐기고 있는 걸까요?"

"세 번째 부류의 할머니 할아버지요."

법문을 듣고 있던 참석자들이 한 목소리로 대답했다. 나와 아내도 경험이 있던 터라 '맞다'고 수긍하면서 고개를 끄덕인다.

1시간 반 정도에 걸쳐 진행된 일요 법회가 끝나고 점심공양을 하는데 뷔페식이다. 정성스레 챙겨주는 신도 덕에 떡국, 과일, 떡 등 음식들을 맛있게 먹을 수 있었다. 내가 고마운 마음에 그 신도에게 한마디 건넸다.

"여기 생불이 계시네요."

"네, 다음에도 꼭 오세요."

여신도가 이렇게 밝은 표정으로 화답을 한다.

이렇게 정법사를 다녀오면서 시간 나는 대로 법회에 참석해야겠다고 생각했다.

그러고서 1주일이 지난 오늘 아침, 우리 부부가 정법사에 다녀오겠다고 하니 아들이 승용차로 태워다 준단다. 기차를 타고 가는 것보다 시간을 단축해 20여 분 만에 정법사에 도착할 수 있었다. 정법사에서 법회를 본 후, 점심공양을 하고 나서 기다렸다가 사찰의 셔틀버스를 타고 스트라스필드 역으로 나왔다.

역 광장 카페에서 기다리고 있던 아들네 식구를 만나 달링하버의 시드니 페스티벌 행사장으로 T1 기차를 타고 타운홀에서 내려 버스로 환승하여 갔다. 행사장의 메인이벤트인 '더 비치The Beach' 입장을 하고자 했으나, 과다한 관람인원으로 인해 오늘은 더 이상의 입장이 안 된단다.

우리는 아쉬운 마음을 뒤로하고 주변의 바랑가루Barangaroo 해변을 돌아보기로 했다. 바랑가루 해변의 돌로 된 해변 지역을 걸으면서 아름다운 시드니 만灣의 해변 풍광을 감상할 수 있었다. 하버 브리지를 배경으로 하여 재미있는 포즈로 사진을 찍으며 즐거워하기도 했다.

또, 페리를 타고 이 앞을 지날 때 궁금했던 이 지역에 대한 궁금증이 즐거운 시간을 보내면서 해소되기도 했다. 식구들 모두가 이곳저곳을 감상하며 즐거운 시간을 보냈다.

바랑가루 지역의 끝자락인 '록스The Rocks' 지역의 입구에는 이 지역을 상징하듯 '바위덩어리가 빨간 자동차 위에 떨어져 찌그러진 차 모습의

바랑가루 해변. 안작(ANZAC) 브리지가 멀리 보인다.

록스 지역의 입구에는 지역을 상징하는 바위 덩어리 조형물이 있다.

록스 지역의 부둣가를 돌아보면 초기이민시대의 자취를 엿볼 수 있다.

설치물'이 길 가운데 놓여 있다. 아마도 이 지역이 '록스' 지역임을 상징적으로 보여주는 것 같았다.

'록스' 지역의 부둣가 건물들을 둘러보면 초기 이민시대의 자취를 엿볼 수 있는 흔적들이 여기저기 그대로 놓여있었다. 이 지역의 옛 정취를 감상하며 선착장 지역을 걸어 미술관 쪽으로 나오는데, 주말인 토요일과 일요일마다 열린다는 길거리 마켓이 열려 있었다. 오후 5시가 넘어서인지 여러 점포들이 장사를 끝냈거나 끝낼 준비를 하고 있었다. 이곳에서는 직접 만든 액세서리, 수공예품, 그림 등 여행의 추억을 만들 수 있는 다양한 물건들을 팔고 있었다.

'록스' 지역을 오르내리며 예로부터 있어 온 골목이며 건물 등을 두루 둘러보았다. 시드니 항구에 정박해 있는 대형 크루즈 입·출항 터미

오페라 하우스 바로 옆에 위치한 오페라 바. 오페라 하우스를 전경으로 삼아 담소를 나누며 식사를 하는 맛은 일품이었다.

널 옆을 지나 미술관 안에서 휴식을 취했다. 이어서 서큘러 키 선착장을 지나 오페라 하우스로 갔다. 오페라 하우스 앞에 있는 오페라 바^{BAR}에 자리를 잡고 저녁을 먹으며 석양의 분위기를 즐기기로 했다. 저녁 식사 겸해서 맥주와 안주를 놓고 하버 브리지, 오페라 하우스를 배경으로 바닷바람을 맞으며 나누는 담소와 함께 즐기는 저녁 식사의 맛은 기대 이상이었다.

서서히 황혼이 깃들면서 분위기는 고조되어, 시간 가는 줄 모르고 담소하며 식사를 즐긴다. 그러다 내일 일찍 출근해야 하는 사람도 있으니 집에 가려면 슬슬 일어나야 한다는 누군가의 말에 아쉬움을 뒤로하고 일어났다.

서큘러 키 역에서 윈야드 역행 T2 기차를 타고 한 정거장을 가서 윈야드 역에서 환승하였다. 다시 윈야드 역에서 에핑행 T1 기차를 타고 집 근처의 로즈 역에서 내려 집에 돌아왔다.

04
카이아마 등대와 블로우홀

오늘은 사우스 코스트 라인 기차를 타고 시드니 남쪽의 카이아마Kiama에 다녀오기로 한 날이다. 카이아마는 시드니 시티에서 100km 정도 남쪽에 위치해 있다. 자동차로 1시간 반 거리.

카이아마란 말은 '바다가 소리를 만들어 내는 곳'을 의미한다고 한다. 이곳은 예쁜 모습의 등대와 함께 파도가 바위구멍에 부딪혀 만들어내는 물기둥으로 유명하다. 여기서 이곳 지명인 카이아마가 유래된 거란다.

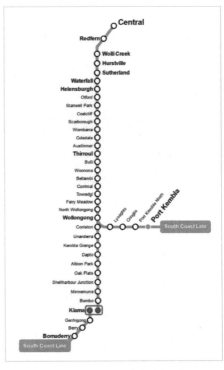

카이아마로 가는 사우스 코스트 라인 기차 노선도

아침 일찍 집을 떠나 로즈 역에서 센트럴 역행 T1기차를 타고 레드 펀 역으로 향했다. 레드펀 역에서 10시 10분에 출발하는 인터 시티 트 레인*inter city train*인 울런공*Wollongong*행 기차로 환승하였다. 설레는 마음으 로 1시간 30여 분 동안 차창관광을 하며 달렸다. 아름다운 차창 밖의 풍경에 매료되어 즐기다 보니 지루하지 않게 종착역인 울런공 역에 도착할 수 있었다.

울런공*Wollongong*은 시드니관광을 오고자 하는 관광객이라면 꼭 들렀 다 가는 관광지이다. 이 지역은 2년 전 승용차로 아들네 식구와 함께 와서 1박을 하며 관광을 했던 지역이라서 낯설지 않은 곳이다. 카이 아마 관광을 끝내고 이곳 울런공 휴양지에 승용차로 올라와 아파트형 숙소에 여장을 푼 후 휴양지의 밤을 보냈다. 다음 날 아침 울런공 해안 을 찾아 해변가를 거닐며 남태평양의 해안 정취를 마음껏 즐겼다. 나 와 아내는 오랜만에 남태평양에 맞닿은 백사장에서 뛰며, 바닷물에 빠지며, 높은 파도와 장난치며, 즐거운 추억 만들기에 나섰다. 정말 오랜만에 갖는 추억 만들 기였다.

카이아마행 기차를 이곳에서 환승해야 한다. 기차를 오래 기다려야 한다면, 이곳 울런공에서 관광지를 둘러보고자 했다. 역에서 전광안내 스크린을 보니 카이아

카이아마 역 표지판

마 행 기차가 8분 후에 도착한다고 한다. 역에서 잠시 쉬며 기다리다가 사우스 코스트 라인South Coast Line 기차를 타고 카이아마로 향했다. 이기차에 탑승하여 남쪽으로 40여 분을 달려가니 목적지인 카이아마 역이다.

역을 빠져나와 2년 전에 방문했던 적이 있는 카이아마 등대 쪽으로 방향을 잡고 걸었다. 날씨가 더운 탓에 그늘로 걷고 있는데, 왼쪽 길 건너에 눈에 띄는 건물이 있다. 사람의 모습을 하고 있는 시계탑이다. 인상적인 건물이란 생각에 길 건너로 다가가 무슨 건물인가 하고 자세히 보니 우체국 건물이다.

카이아마 등대가 있는 해변으로 들어섰다. 쪽빛 하늘과 남태평양의 파란 바다에서 넘실대는 높은 파도가 해안으로 밀려오며 만들어 내는 모습에 연신 감탄한다. 쪽빛 하늘과 파란 남태평양 바다를 배경으로 예전에 왔었던 추억을 더듬으며 이곳저곳을 눈과 마음에 담고 사진도

카이아마 등대 방향에 있는 우체국 건물. 시계탑의 모습이 인상적이다.

뒤편의 카이아마 등대가 주변 풍광과 어울려 멋진 사진을 만들어낸다.

찍곤 했다.

이곳 언덕에 있는 카이아마 등대는 주변 풍광과 잘 어울리는 등대로 소문난 곳이다. 이곳에서 가족들과 함께 돗자리를 펴고 앉아 음식을 먹으며 즐거워했던 2년 전의 기억이 난다.

등대를 지나 이곳의 명소라는 '카이아마 블로우홀^{Kiama Blowhole}'에 도착했다. 이곳 해안가는 화산암지형으로 되어 있다. 얼핏 봐서는 제주도의 남쪽에 있는 용머리해안에 온 것 같다. 이곳 카이아마 블로우홀이 유명한 이유는 파도가 칠 때, 파도가 용암바위벽에 부딪쳐 소리를 내며, 파도가 뚫린 바위구멍 속으로 밀려들어와 물줄기가 분수처럼 솟아오르면서 장관을 연출하기 때문이다.

카이아마 블로우홀의 파도. 강한 파도가 밀려와 위로 용솟음치는 물줄기는 그야말로 장관이다.

2년 전 이곳에 왔을 때 듣고 본 소리와 물줄기는 그야말로 장관이었다. 용암이 분출하면서 만들어 놓은 용암바위 굴에 강한 파도가 밀려들어와 바위벽에 부딪히면서 만들어 내는 소리, 높은 물줄기는 그토록 경탄을 자아냈다. 그런데 오늘은 2년 전에 왔을 때 보았던 카이아마 블로우홀의 장관을 볼 수 없는 거다. 아쉬움이 컸다. 오늘 본 카이아마 블로우홀의 모습은 그저 바위구멍에 불과한, 초라한 모습이었다.

아쉬움을 뒤로한 채 해변 잔디에 앉아서 쉬기로 했다. 남태평양에서 하얀 포말을 일으키며 해안으로 다가와 사라지는 파도를 바라보고 심호흡하며 마음껏 남태평양의 공기를 마시면서 휴식시간을 가졌다.

이렇게 카이아마에서 등대와 카이아마 블로우홀 지역을 감상하며 휴식을 갖고 주변 어부의 집에서 시원한 얼음과자를 사먹고 몸을 식힌 후 역 근처 시가지를 돌아보면서 역으로 행했다.

역에 도착해 사우스 코스트 라인 기차 시간표를 보니 20여 분을 기다려야 한다. 이곳 플랫폼에서 쉬면서 기다리다가 카이아마 역에서 출발하는 센트럴 역행 기차를 타고 레드펀 역으로 향했다. 이곳에서 내려 에핑행 T1 기차로 환승하여 집 근처의 로즈 역에 도착하였다. 카이아마 역에서부터 2시간 30여 분이 지난 후였다.

집에 도착하니 아들과 며느리가 카이아마에 다녀온 이야기를 듣고 "정말이요?" 하며 깜짝 놀란다.

05
시드니 페스티벌체험

오늘은 지난 주에 많은
인파로 인해 입장을 못
해 즐기지 못했던 시드
니 페스티벌[1]에 참여하
기로 하고 아침 일찍부
터 서둘렀다.

'The Beach' 페스티벌

    오늘은 일찍 행사장에 도착해 입장을 하고자 하는 각오가 있어서였
다. 온 식구가 부산을 떨면서 승용차를 타고 페스티벌 행사가 열리는

----

1 Sydney Festival
    매년 1월에 열리는 시드니 축제(http://www.sydneyfestival.org.au/)
    시드니는 매월 많은 이벤트와 볼거리가 있다. 시드니 이벤트 안내 웹사이트에서 많은 정
    보를 얻을 수 있다.
    http://www.sydney.com/events

The beach 이벤트 공간은 하얀색 볼풀로 가득차 있다.

비치의자도 설치되어 있어, 실제 바닷가처럼 즐기고 왔다.

달링하버 근처의 'The Beach'에 도착한 시간은 아침 9시가 조금 넘어 서이다.

 이른 시간임에도 불구하고 많은 인파로 행사장이 붐빈다. 줄을 서서 기다리고 있다가 10시 정도가 되어 입장할 수 있었다. 실내 행사장이라는 공간의 제약성 때문에 적정 인원수가 있는 것이다. 그러다 보니 부득이 입장객 수를 제한할 수밖에 없다. 그래서 적정인원으로 만원이 되면 행사장에서 즐기다가 퇴장하는 숫자만큼 추가로 입장을 시키는 것이다.

 입장을 기다리면서 안내문을 보니 인공으로 행사장에 해변을 조성했는데, 그 모든 재료가 재활용 플라스틱 제품이란다.

 'The Beach'에 들어가는 순간 놀라지 않을 수 없었다. 실내 행사장

The Beach의 해수욕장. 모든 재료가 재활용 플라스틱 제품이라고 한다.

임에도 해변에 왔다는 착각이 들 정도로 시설이 잘 갖추어진 것이었다. 흰색 바닥 위에 비치파라솔과 흰색 의자들이 배치되어 있었다. 'The Beach' 행사장 삼면의 벽은 거울로 둘러쳐져 있어 좁은 공간임에도 좁다는 느낌이 안 들게 만들어져 있었다.

인공으로 만들어진 바다 속에는 플라스틱으로 만든 야구공 크기의 가벼운 비닐공이 가득히 들어 있다.

'The Beach' 행사장에 입장한 많은 이들은 그곳을 해변과 바다로 여기며 뛰어들기도 하고 허우적대며 사진을 찍기도 하면서 해변의 기분을 만끽하고 있다. 우리도 온 가족이 가벼운 옷차림을 하고서 바다에 빠지듯 허우적대고 사진을 찍으며 즐거운 시간을 보냈다.

두 시간 정도 이색적이고 신나는 시간을 'The Beach'에서 보내고 그곳을 나왔다. 달링하버로 자리를 옮겨 상가의 푸드 코트에서 햄버거로 점심을 먹고 그곳을 나왔다. 이후, 며느리는 회사동료의 생일파티에 초대되어 페리에서 열리는 선상파티에 참석하겠다고 하면서 달링하버 선착장으로 갔다. 나머지 식구들은 손녀의 수영 교습시간에 맞추어 수영장으로 갔다.

나는 시드니 시티 서클 트레인 가운데 아직 타 보지 못한 리드콤부터

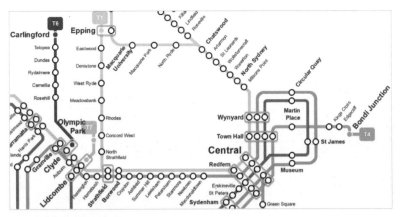

시드니 올림픽 파크 역 노선도

시드니 올림픽 파크 역까지 가는 기차를 타 보기로 했다. 타운홀 역에서 펜리스Penrith행 T1 기차를 타고 리드콤 역에서 환승하려고 기차를 내렸다. 역에서 내려 시드니 올림픽 파크 역으로 가는 기차를 타는 곳을 수소문하니 0번 플랫폼이란다. 0번 플랫폼으로 걸어가는데, 때마침 진입하는 시드니 올림픽 파크 역으로 가는 기차를 탈 수 있었다.

리드콤Lidcombe 역에서 시드니 올림픽 파크 역까지는 한 정거장이다. 6분 정도 걸려 시드니 올림픽 파크 역에 도착하였다. 역사가 잘 만들어져 있음을 한눈에 알 수 있다. 아마도 2000년 시드니 올림픽을 앞두고 이 노선이 개설되었기 때문이라는 생각이 들었다.

역을 빠져나와 주변을 살펴보니 시드니 올림픽 메인 스타디움이 길 건너로 보인다. 2014년 4월에 시드니에 머무르면서 시드니 올림픽 파크에서 열리고 있는 시드니 로얄 이스터쇼Sydney Royal Easter Show 축제에 참여했었다. 우리 설날이나 추석처럼 부활절 축제는 호주의 전통적이고 목가적인 삶을 가장 잘 엿볼 수 있는 이벤트로, 크리스마스 축제와 함께 호주사람들이 가장 즐기는 축제란다. 2주에 걸쳐 열리는데, 60여

시드니 올림픽 파크 역에서 나와 주변을 보면 시드니 올림픽 메인 스타디움이 길 건너로 보인다.

시드니 로얄 이스터 쇼 축제는 호주인들이 가장 즐기는 축제 중 하나이다.

개의 지역에서 수백 개의 상점과 레스토랑, 다수의 농장과 목장이 참여해 로데오와 라이브 쇼, 동물농장, 수공예품 전시, 통나무 토막 자르기, 각종 놀이기구 등 다양한 프로그램이 펼쳐진다. 엄청난 인파로 북적였는데 이곳에서 각종 볼거리, 먹거리, 탈거리가 우리를 즐겁게 했다. 우리나라 지방자치단체에서 종종 열리는 축제 같은 느낌이었다.

이 근방은 시드니 올림픽을 앞두고 계획도시로 만들어진 시가지여서인지 깔끔하다. 여기서 집으로 가는 방법은 버스로 가는 방법과 걸어서 가는 두 가지가 있다. 버스를 타고 가면 시드니 올림픽 선착장 쪽으로 해서 풋 브리지를 건너 집으로 향할 수도 있다. 오늘은 처음 온 곳이니 여기서부터 Australian Avenue를 따라 바이센테니얼 파크 쪽으로 걸어가기로 했다.

역에서부터 10여 분을 걸어 내려오니 낯설지 않은 곳인 바이센테니얼 파크가 보인다. 공원에 들어서 아름다운 호수공원을 한 바퀴 돌며 호수 주변의 풍광을 즐겼다. 그리고 주변 휴게시설의 벤치에 앉아 쉬다가 홈부쉬 만의 강 둘레길을 따라 걸어서 집으로 왔다.

시드니 올림픽 파크 역에서부터 바이센테니얼 파크 쪽으로 해서 홈부쉬 만의 강을 따라 걸어온 시간은 40여 분 정도였다.

오늘은 시드니 페스티벌에 참여해 이색적인 경험을 하고, 궁금했던 시드니 올림픽 파크 역을 기차로 가는 방법, 그곳에서 집으로 걸어서 오는 방법을 두루 익힌 즐거운 날이다.

06
딤섬뷔페와 만두체험

오늘은 아침을 집에서 먹지 않고 중국식 레스토랑에서 외식으로 하기로 했다. 가기로 한 곳은 집 근처에 있는 대형 쇼핑센터인 워터사이드 *Water Side* 쇼핑센터 3층에 자리하고 있는 중국 음식점인 '딤섬 뷔페 레스토랑'이다.

레스토랑 앞을 지나다니면서 상호는 보았지만, 그런 종류의 레스토랑인지는 몰랐다. 처음 접해 보는 딤섬 뷔페 레스토랑이라 궁금한 것이 한두 가지가 아니었다. 레스토랑에 도착하자 입구에서 종업원이 라운드 테이블로 안내한다. 딤섬 레스토랑의 개장시간인 10시를 바로 넘긴 시간대여서인지 레스토랑 안에 설치된 수족관을 바로 볼 수 있는, 나름 제일 좋은 자리로 안내받았다.

자리에 앉으니 종업원이

딤섬 뷔페 레스토랑에서 종업원이 음식을 담은 수레를 밀고 테이블마다 돌아다닌다.

다가와 테이블에 놓인 주전자에 따뜻한 차를 가득 채운다. 며느리에게 이 레스토랑에서는 어떤 방식으로 식사를 하느냐고 물었다. 손님은 가만히 자리에 앉아 있다가 음식을 실은 작은 수레가 테이블 옆을 지나갈 때 그 음식을 먹고 싶으면 주문을 하면 된단다.

일반적인 뷔페식 레스토랑이라고 하면, 손님들이 한쪽 공간에 차려놓은 다양한 음식 앞으로 다가가서 먹고 싶은 음식을 접시에 담아서 테이블로 돌아와 음식을 즐기는 방식이 보통이다. 반면에 이곳 레스토랑은 거꾸로 종업원이 음식을 실은 수레를 밀고 손님이 앉은 테이블마다 돌아다니는 방식이란다. 실로 재미있는 역발상을 한 레스토랑 운영 방식이 손님을 만족하게 하겠다는 생각이 들었다.

딤섬 뷔페 레스토랑에서

아니나 다를까, 조금 앉아 있으니 딤섬 등의 따뜻한 음식을 수레에 실은 종업원이 우리가 앉은 테이블로 다가와 자기 수레에 실린 음식을 주문하겠냐고 묻는다. 몇 가지 종류의 딤섬을 이런 방식으로 주문하여 먹고 나니 어느새 허기가 채워짐을 느낀다.

딤섬도 보편화되었는지, 중국 음식 특유의 느끼함이나 향신료의 향내도 없어 무난히 음식을 즐길 수 있었다. 레스토랑 개장과 함께 일찍 입장해 딤섬으로 1시간 정도에 걸쳐 식사를 마쳤다. 자리에서 일어나 레스토랑을 나오면서 보니 벌써 많은 대기자가 입구에서부터 줄을 서서 기다리고 있었다.

호주에 사는 많은 중국인을 비롯한 호주인들은 주말이면 아침을 집에서 먹지 않고 딤섬 레스토랑 같은 데서 바깥식사를 즐긴단다. 그래서인지 오늘은 아침임에도 꽤 큰 레스토랑이 손님으로 만원이었다.

집 근처 딤섬 레스토랑에서 음식을 먹고 난 가족은 모두 이곳에서 승용차로 20여 분 거리에 있는 노스 스트라스필드*North Strathfield*의 볼링센터에서 볼링을 치기로 했다. 1990년대 초에 볼링을 친 것이 마지막이었던 나는 그 후 20여 년이 지나서야 볼링장을 찾은 것이다.

신발을 빌리고 나에게 맞는 볼링공을 선택했다. 예전에 볼링을 치던 기억을 되살려 점수를 만들며 치려고 노력했지만, 마음처럼 몸이 따라주질 않는다. 그래도 손녀까지 함께 가족 5명 모두가 볼링을 치며 즐길 수 있어 그 자체로 행복한 시간이었다.

옆의 팀들도 가족이 함께 와서 볼링을 치고 있다. 손녀 나이 정도 되는 아이가 식구들과 볼링을 즐기고 있다. 볼링공을 플로어에 놓기가 힘든 꼬마 손님들을 위해 철로 만든 볼링공을 굴릴 수 있는 보조도구도 준비되어 있었다. 꼬마 손님들은 볼링공을 그 도구 위에 올려놓고 플로어로 굴리면 공이 굴러가게 되어 있는 구조였다. 그렇게 보조도구를 함께 사용하니 모든 가족이 나이에 구애받지 않고 함께 볼링을 즐길 수 있게 됐다.

이 볼링센터에는 꼬마 손님들을 위한 보조도구가 마련되어 있다.

집으로 돌아오는 길에 만두를 직접 만들어 먹기로 했다. 슈퍼에서 만두피와 만두소를 만들기 위한 각종 재료를 샀다. 만두 만들기에 일가견이 있는 아내의 주도로 각종 재료를 혼합하여 만두소를 만들었다. 기계의 도움을 받아 만두소를 준비하는 시간을 평소보다 반으로 줄여 1시간 30여 분 만에 만두소를 만드는 것을 끝냈다.

만두를 만들 준비가 되었으니, 이제 만두만 빚으면 된다. 테이블에 아들네 식구가 아내와 함께 모여 앉아 이야기꽃을 피우며 만두를 빚었다. 모든 가족이 각자 자기 손재주를 보여주며 만두를 개성 있게 정성을 다해 만들었다. 이렇게 만든 만두로 만둣국을 끓여 맛있게 먹었다.

딤섬 레스토랑에서 아침을 시작한 오늘, 저녁엔 가족 모두가 함께 만두를 직접 빚으며 좋은 추억을 만든 행복한 시간이 되었다.

07
서던 하일랜드 라인 기차 도전

오늘은 시드니 남서쪽의 외곽 기차 노선인 서던 하일랜드 노선*Southern Highlands Line*에 도전하기로 했다.

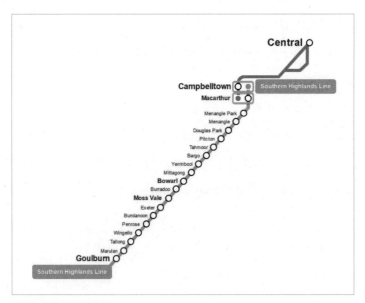

서던 하일랜드 라인 노선도

아침 일찍 집을 나섰다. 집 근처 로즈 역에서 센트럴 역행 T1 기차를 타고 4정거장을 달려 스트라스필드 역에서 내려 환승을 했다. 녹색 T2 기차를 탈 수 있는 플랫폼을 찾아 기차를 타고 캠벨타운Campbelltown 역에서 내렸다.

이곳 역에서 기차 시간표를 살펴보니 센트럴 역에서 출발하여 1시간 후에 도착하는 캔버라행 기차가 있다. 나름 고민하다가 서던 하일랜드 노선의 캔버라행 기차를 타고 가는 것은 다음 기회로 미루고, 오늘은 인터 시티 트레인Inter City Train의 종착역인 모스 베일Moss Vale까지만 다녀오기로 했다.

캠벨타운 역에서 목적지인 모스 베일 역까지는 따로 기차가 운행되고 있는데, 2량짜리 기차이다. 얼마간 기차를 타고 기다리니 드디어 모스 베일행 기차가 출발을 한다. 모스 베일로 향하는 기차가 다음 역인 초록색 T2 기차의 종착역 맥아더 역을 지나자, 차창 밖의 풍경이 전원풍경으로 바뀐다.

호주 들판의 평화로운 풍경

호주를 생각하면 늘 떠오르던 전형적인 전원풍경이 펼쳐졌다. 이렇게 캠벨타운 역에서부터 1시간 30여 분을 달려 이 기차의 종착역인 모스 베일로 향했다.

드넓은 초원에서 한가로이 풀을 뜯으며 노닐고 있는 소, 말, 양들을 보며 아내는 "호주에 오면 이런 곳을 여행하고 싶었다"고 하면서 한마디 한다.

"저 동물들은 비록 가축이지만, 사는 동안 초원을 누비며 평생을 사니 스트레스를 안 받아 얼마나 행복할까?"

이 말에 나도 동의하면서 한마디 한다.

"맞는 말이네. 우리나라 가축들은 태어나자마자 우리에 갇혀 평생을 우리 속에서 갇혀 보내는데 얼마나 스트레스가 많을까? 앞으로는 고기를 먹더라도 스트레스 안 받고 자란 호주산 고기를 먹어야겠다."

호주산 소는 마음껏 들판을 누비면서 자라다 보니 근육은 발달하지만, 지방이 많지 않다. 그러다 보니 도축했을 때 고기가 조금은 질기고 마블링이 많지 않아 우리 입맛에는 맞지 않는다. 한국이나 일본 등에서는 마블링이 잘되어 있는 고기를 최상급 고기라고 하는데, 이런 소비자의 기호를 파악한 일본에서는 오래전에 소를 교배시켜 누린내를 줄여 키운 육우인 검은 소 '와규'를 개발해냈다. 지금 시중에서는 일본의 검은 소 '와규'와 호주 소 '블랙 앵거스'를 교배한 호주산 와규가 최상품의 소고기로 자리 잡아, 높은 가격의 소고기로 팔리고 있다고 한다.

이런 저런 얘기를 주고받으며 즐겁게 기차에 앉아 차창여행을 했다. 블루마운틴 산맥의 연장선에 있는 산맥을 넘어 드넓은 초원과 숲 속을 거침없이 달리는 기차에 앉아 차창 밖으로 전개되는 농촌풍경을 감상하다 보니 종착역인 모스 베일이다.

모스 베일에서 내려 주변을 살펴보니 그야말로 영화에서 보는 시골 마을의 풍경이다. 특별한 일이 없으면 내릴 이유가 없어 보였다. 다시 돌아가는 기차에 올라야겠다고 생각하면서 역내 휴게실에서 간식을 먹으며 쉬다가 출발하는 기차에 올랐다.

되돌아오는 기차에서도 차창 밖으로 전개되는 전원풍경을 감상하면서 오늘 이곳에 오기를 잘했다고 이야기를 주고받으며 달리다 보니 어느새 종착역 맥아더Macarthur 역이다.

원래는 이곳에서 출발하는 순환열차인 녹색 T2 기차를 타고자 했다. 그런데 바로 출발하는 T2 기차는 북쪽의 리드콤 역 쪽으로 달려 센트럴 역 쪽으로 순환하는 기차가 아니다. 시드니 공항 쪽으로 달려 센트럴 역 쪽으로 순환하는 기차이다.

잠시 생각한 끝에 먼저 출발하는 기차를 타고자 해 시드니 공항 쪽의 역을 거쳐 센트럴 역까지 갔다. 여기서 다시 T1 에핑행 기차를 환승하여 집 근처에 있는 로즈 역에서 내려 집으로 돌아왔다.

오늘은 기차여행의 폭을 넓혀 시드니의 남서부 내륙으로 달리는 서던 하일랜드 라인의 기차를 타고 다녀오는 도전을 한 날이다. 다음에는 기차여행의 폭을 좀 더 넓힐 수 있기를 기대하고, 또 그렇게 하기를 다짐해 본다.

o8
페더데일 와일드 라이프를 손녀와 함께

손녀와 함께 블랙타운*Blacktown*근처에 있는 페더데일 와일드 라이프 *Featherdale Wild Life*라는 동물원[2]을 관람하러 가기로 했다.

이 동물원은 관광객들에게는 낯설지 않은 곳이다. 호주 시드니에 패키지 상품으로 관광을 오게 되는 경우, 하루 관광으로 블루마운틴 관광을 하고, 시드니로 돌아오는 길에 이곳을 들르는 경우가 많다.

오늘은 동물원을 입장할 수 있는 무료 쿠폰이 있어 손녀 정윤이와 함께 기차와 버스를 타고 다녀오고자 했다. 집에서 간식 등 이것저것

....

2 시드니 동물원
  1. Taronga Zoo – 시드니 중심에 위치해 있으며, 사자, 호랑이, 기린과 같은 동물들을 볼
     수 있다.
     http://www.taronga.org.au
  2. Featherdale Wildlife Park – 시드니 시티에서 차로 1시간 정도 떨어진 곳에 위치해 있
     고, 호주 대표 동물인 코알라, 캥거루와 같은 동물을 주로 볼 수 있다.
     http://www.featherdale.com.au

페더데일 와일드 라이프 파크 입구. 시드니에서 많이 가는 동물원 중 하나이다.

을 준비해 배낭에 넣고 집을 나섰다.

노란색 센트럴 역행 T1 기차를 타고 집 근처의 로즈 역을 출발해 10여 분 후 스트라스필드 역에서 내렸다. 이 역에서 스크린을 통해 블랙타운으로 갈 수 있는 기차를 탈 수 있는 플랫폼을 찾아 노란색 리치몬드행 T1 기차로 환승을 했다. 호주에서 두 번째로 오래된 도시라는 파라마타 역을 지나 블랙타운 역에 도착하였다. 블랙타운 역을 빠져나와 버스 승차장에서 동물원행 버스를 기다려 탔다. 버스로 12분 정도 달려 목적지인 동물원 정문 앞에서 내렸다.

무료 쿠폰을 내고 입장권을 받아 동물원 안으로 들어갔다. 이곳저곳을 지나면서 다양한 동물들, 새들, 파충류를 볼 수 있었다. 불행하게도 코알라는 움직이는 모습을 감춘 채 그들의 습관대로 유칼립투스 나무 위에서 잠을 자고 있다. 캥거루는 가족들인지 여러 마리가 무리를 이루며 우리 안에서 놀고 있다. 부엉이는 참 오랜만에 보는데, 매서운 모습을 하고 우리를 쳐다보고 있다.

펠리컨을 보니 시드니 북쪽 센트럴 코스트를 여행하던 중 엔트란스 지역에서 즐겼던 '펠리컨 먹이 주기 쇼'가 생각났다. 특히, 오늘 나에게 인상적인 조류는 펭귄 가족이었다. 남극지방의 동물이 이 더운 여름날 동물원에 갇혀 지내는 것이 신기했다.

그 옆 이벤트 홀에서는 깨어 있는 코알라를 안고 기념사진을 찍을 수 있다. 하루 20시간을 자고 있는 코알라의 습성 때문에 깨어 있는 코알라를 보고 싶어 하는 고객의 심리를 십분 활용하는 그들의 상술이 놀랍다는 생각이 들었다.

날씨가 섭씨 35도를 넘어서는 땡볕에 동물원을 관람하는 것이 무리라는 생각이 들었다. 부지런히 관람을 마치고 매점으로 갔다. 많은 이

동물원의 왈라비

거의 잠만 자는 코알라

펭귄들. 호주 대륙 남쪽에는 이런 작은 크기의 펭귄들의 서식지가
있다.

올빼미. 오랜만에 봤지만 매우 매서운 모습이
었다.

들이 더위를 피해 이곳 매점 앞 휴게시설에서 음식을 먹으며 쉬고 있
는 것이 보인다. 워낙 사람이 몰려 있어 점심은 기차에서 먹기로 하고,
우선은 매점에서 산 음료를 마시면서 더위를 식히고 몸을 추슬렀다.

얼마를 쉬고 나서 서둘러 동물원을 빠져나와 버스정류장으로 갔다.
잠시 기다리니 블랙타운 역으로 가는 버스가 도착했다. 버스를 타고
10여 분 달려 블랙타운 역에 도착해 도심으로 가는 T1 기차가 들어오
는 플랫폼으로 이동했다.

시원하게 냉방 되고 있는 기차에 타고 나니 이곳이 극락으로 느껴
졌다. 집에서 준비해 간 음식을 배낭에서 꺼내 먹으며 더위를 식힐 수
있었다. 손녀는 점심을 먹더니 이내 기차 안에서 잠이 들었다. 아내는
혹시 손녀가 깰세라 무릎에 눕힌 후 내려야 할 스트라스필드 역이 다
가오자 제안을 한다.

"손녀가 잠든 지 얼마 안 되었으니 저절로 잠을 깰 때까지 계속 기
차를 타고 가요."

"그렇게 하자."

그래서 내릴 예정이었던 역을 그대로 지나쳤다. 이 기차의 종착역을 확인해 보니 시드니 북쪽 에핑 역을 지난 혼즈비Hornsby 역이다. 이후 손녀는 1시간 정도를 달려 에핑 역에 도착하도록 계속 꿈나라에 빠져 있었다. 에핑 역에서 내려 집으로 향하는 T1 기차를 환승하고자 해서 센트럴 행 기차를 탈 수 있는 플랫폼으로 올라갔다. 이곳에서 센트럴 역행 T1 기차로 5정거장을 달려 집 근처의 로즈 역에서 내려 집으로 돌아왔다.

손녀와 함께하는 나들이에 재미를 붙인 우리 부부는 다음 날 시드니 올림픽 파크 내의 블랙스랜드 리버사이드 공원Blaxland Riverside Park에 버스를 타고 다녀왔다. 집 건너 쇼핑센터 앞에서 버스를 탔다. 홈부쉬 만의 강을 가로질러 만든 '풋 브리지'를 건너 시드니 올림픽 파크 선착장을 거쳐 Africa Avenue의 놀이공원 입구에 도착해 버스에서 내렸다.

공원 쪽으로 10여 분 걸어가고 있는데 비가 내리기 시작한다. 공원에 도착했는데도 비는 멈추지 않고 오히려 더 세게 내린다. 매점 앞에 앉아서 음식을 먹으며 비가 그치기를 기다렸다. 이미 놀이공원에 왔던 많은 사람은 거의 철수한 상태가 되었다.

1시간 정도 지나 비가 그치면서 여름 날씨 본연의 모습이 나타난다. 해가 쨍하고 햇볕이 따갑게 내리쬔다. 비가 긴 시간 내려 아침부터 놀이공원에 왔던 사람들이 철수한 덕분에 몇 안 되는 사람들이 다양한 놀이시설을 독점하여 즐겼다.

블랙스랜드 리버사이드 공원 내 아이들 분수 놀이터   블랙스랜드 리버사이드 공원 내 상당히 큰 규모의
놀이터

손녀 정윤이가 놀이공원에서 이곳저곳을 뛰어놀면서 지쳐갈 즈음
에 다시 놀이공원은 사람들로 붐비기 시작했다. 우리는 놀 만큼 놀았
으니 놀이공원을 떠나 철수하기로 했다.

집으로 돌아오는 길은 버스를 타지 않고 강변을 따라 걸어 보기로
했다. 강변을 따라 걸은 지 얼마 안 되었는데 손녀가 할머니 등에 업히
겠다고 한다. 나와 아내는 중간중간 '벤치에 앉아 쉬며, 등에 업으며'를
반복해 올림픽 파크 페리 선착장까지 걸었다.

선착장에서도 계속 잠을 자고 있는 손녀를 깨워 도착하는 버스를
타고 '풋 브리지Foot Bridge'를 건너 집 건너편의 버스 정류장에서 내려 집
으로 돌아왔다.

09
페리를 타고 맨리 비치를

오늘은 페리를 타고 시드니 만에서 왓슨 베이와 마주하고 있는 시드니 북쪽에 위치한 맨리 비치Manly Beach를 다녀오기로 했다.

배낭을 메고 집을 나와 20여 분 강가를 걸어 홈부쉬 만 강에 만들어진 '풋 브리지'를 건너 시드니 올림픽 선착장으로 갔다. 선착장에서 배를 기다리는데 서큘러 키 선착장 방면으로 가는 배보다 상류 지역인 파라마타로 가는 배가 먼저 선착장으로 들어오는 거다. 이참에 궁금했던 상류 지역을 배를 타고 다녀오자고 의기투합하여 배에 승선했다.

시드니 만의 수상교통이 시작되던 때부터 점점 좁아지는 상류의 강줄기를 따라 나무기둥을 세워 만들어진 뱃길이 조성되어 있다. 이런 뱃길 덕분에 파라마타 시가 호주에서 2번째로 오래된 도시가 되었던 것 같다.

페리를 타고 상류 지역인 파라마타 선착장까지 가는 데 30여 분이 걸렸다. 상류 지역으로 올라가면서 배에서 바라보는 강 주변의 풍광

은 아름다웠다. 파라마타 선착
장에 배가 도착했지만, 배에서
내리지 않았다. 그냥 출발해 하
류인 시드니 항의 서큘러 키 선
착장까지 1시간 10여 분을 선상
에서 주변의 관광을 즐기면서
시간을 보냈다.

페리에서 바라본 하버 브리지 주변 풍광

서큘러 키 선착장에서 배를
내린 후 다른 선착장에서 맨리로
가는 수상 택시 페리로 갈아탔
다. 일반 페리와 달리 교통카드
인 OPAL 카드를 사용할 수 없
단다. 따로 요금을 지불하고 논
스톱으로 시드니만을 가로질

맨리 선착장

러 30여 분만에 맨리 선착장에 도착했다.

맨리라는 이름은 그곳의 원주민을 처음 만난 제독이 "원주민들이
남자답다Manly"라고 말한 데서 유래했다고 한다. 우선 선착장에서 나와
해변으로 이어지는 도로 주변으로 들어섰다. 100여 년 전의 모습을 그
대로 간직하고 있는 테라스가 있는 오래된 건물들이 눈에 들어온다.

금강산도 식후경이라 했던가? 우선 점심을 먹기로 하고 근처의 M

햄버거점에서 Ozzi BBQ 버거를 주문해서 들고 나와 맨리 최고의 번화 가라고 하는 코로소The Coroso 거리를 걸었다. 맨리 선착장에서 맨리 해변 으로 이어지는 코로소 거리 양쪽에는 슈퍼마켓, 쇼핑센터, 레스토랑, 호텔 등이 늘어서 있다.

맨리의 코로소 거리 비석   맨리의 코로소 거리

코로소 거리 끝자락에 있는 맨리 해변 근처의 벤치에 앉아 점심을 먹었다. 그런 후 남태평양의 시원한 바닷바람을 맞으며 해변을 걸었 다. 해변을 따라 만들어진 산책길을 걸으며, 바다를 멋지게 감상할 수 있는 벤치에 앉아서 쉬기도 하고, 산책길에 설치된 돌 조각품도 감상 하며 산책하는 즐거움을 맛보았다.

맨리 해변

이렇게 우리 부부는 맨리 해변을 산책하며 몸과 마음을 힐링하고서 맨리 시가지를 걸었다. 잘 다듬어진 거리를 뒤로하고 선착장으로 향했다. 선착장에서 수상 택시 페리를 다시 타고 시드니 만을 거쳐 시드니 항의 서큘러 키 선착장으로 되돌아와 내렸다.

이곳에서 달링하버까지 걷기로 했다. 달링하버에 도착하여 찾아간 곳은 국립해양박물관Australian National Marine Museum이다. 이곳에 들어가니 봉사자인 나이 지긋한 퇴역자들이 친절하게 곳곳에 배치되어 안내한다. 나에게 어디서 왔느냐고 묻는다. 내가 한국인이라고 답을 하니 바로 한국말로 인사한다.

"안녕하세요."

"반갑습니다."

그들의 친절한 안내에 따라 배낭을 맡겨 놓고, 먼저 박물관 밖의 야외에 있는 실제 군함 전시장으로 갔다. 옛날 돛으로 항해하던 군함을 둘러보는데 갑판 아래에서 생활하는 군인들의 생활상을 생생하게 보여준다. 특히 곳곳마다 퇴역군인 노인들이 봉사자로 활동하며 자세한 설명을 해

호주국립해양박물관

주고 있는 게 인상 깊었다.

다음으로 베트남 전쟁 당시
까지 사용되었던 함정에 승선
하여 여기저기를 둘러보았다.
함정 속의 현대화된 장비들을
둘러보고 난 후 잠수함에 들
어가 내부를 둘러보았다. 숨
이 막힐 것 같았다. 조국을

실제로 싸움에 투입되었던 퇴역선박들을 둘러볼 수 있다.

위해 이 좁은 공간에서 많은 날을 고생했을 군인들을 생각하는 시간이
되었다. 이렇게 실제로 싸움에 참여했다 퇴역한 함정들을 살펴본 후
박물관으로 들어가 다양한 전시물을 감상했다. 이곳에서는 선박 모형,
해상지도, 호주 연안의 어족자원들을 전시하고 있었다. 또한, 호주 해
군들의 활약상과 동맹국의 전시물들을 한눈에 살펴본 좋은 기회였다.

박물관 구경을 한 후 박물관 정문 앞에서 버스를 타려고 하다가
걸어서 가기로 하고 타운홀 역을 향해 걸었다. 타운홀 역에서 에핑행
T1 기차를 타고 로즈 역에서 내려 집으로 왔다.

PART 4

가족 상봉과
멜번 여행 도전

01
캥거루와 함께한 가족캠핑

주말을 시드니 외곽 지역의 캠핑장에서 보내자는 아들의 제안에 좋은 경험이 되겠다고 생각해 캠핑을 떠나기로 했다.

캠핑을 가기 위해 가족이 찾아간 곳은 블루마운틴 가는 길인 윈저 Windser 근처의 카타이Kattai 국립공원 내에 있는 캠핑장이다. 카타이 국립공원은 시드니 시티에서 서북쪽으로 65km 거리에 있다. 1박 2일 동안 캠핑하면서 불편함이 없도록 먹고 자는 데 필요한 캠핑 도구 등 각종 물품을 챙겼다. 막상 이것저것 챙기고 나니 이삿짐 수준이다. 승용차가 터져 나갈 지경에 이를 만큼 꾸겨 넣고 집에서 출발했다.

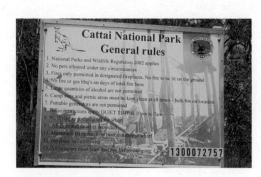

카타이 국립공원 안내 표지판

1시간 반 정도를 달려 숲 속 길로 접어드니 캥거루 출현 지역임을 알리는 도로 표지판이 나온다. 이 캥거루가 그려진 도로 표지판을 보니 목적지가 멀지 않았음을 알 수 있다.

숲길을 좀 더 달리니 카타이 국립공원Kattai Nat'l Park이라는 안내 표지판이 눈앞에 나타난다. 공원 관리사무실 근처에서 주차요금을 지불하고 사전에 예약해 둔 캠핑장으로 향했다. 입구에서 꽤나 떨어진 강가 숲에 공원 측에서 지정한 캠핑장이 있다. 예약한 사람들만이 캠핑장에서 캠핑을 즐길 수 있단다.

아들은 그동안의 캠핑 경험을 바탕으로 한마디 한다.

"캠핑장에서는 경사지가 아닌 평평한 장소를 찾아 텐트를 설치하는 것이 최우선으로 해야 할 일이에요."

텐트를 설치하기에 적절한 장소를 찾아 캠핑장을 배회하는데 좋은 장소는 이미 다른 캠핑 팀들이 차지했다.

식탁이 설치되어 있으면서 잔디가 깔려있는 평평한 곳을 어렵게 찾아 텐트를 설치하기로 했다. 텐트를 설치하기까지 1시간 정도가 걸렸다. 고생 끝에 1박 2일간 묵을 방 2개짜리 텐트가 완성되었다. 캠핑장에 도착해서 최우선으로 마련해야 할 주거 공간이 마련된 것이다.

아들은 짐 속에서 무언가를 찾고 있다. 한참을 찾더니 집에 다녀오겠단다. 집에서 짐을 챙기면서 미처 챙기지 못한 모기장과 모닥불용 장작을 사 와야겠다고 한다.

"서너 시간을 다녀오느니 그냥 불편해도 참고 지내자."

"참고 지내기에는 모기 파리 공격이 장난이 아니에요."

아들은 나의 제안을 따르지 않고 집이 아주 멀지 않으니 식구들이 쉬면서 즐기고 있는 동안 다녀온다며 떠났다.

나머지 식구는 텐트 안에 갖고 온 짐을 풀어 정리하고 나서 휴식을 취하며 주변 풍광을 즐겼다. 나무기둥 사이에 갖고 온 해먹을 설치하여 손녀는 해먹에 누워있고, 할머니는 해먹을 흔들어주며 즐겼다. 잔디밭에서는 캐치볼을 서로 주고받으며 재미있게 시간을 보냈다. 또, 게임도구를 이용해 게임을 하며 즐기기도 했다. 아들이 집을 다녀오는 동안 나머지 식구들은 이것저것 정리하고 쉬다가 음식을 준비했다. 아들이 도착하면서 모기장 외에도 모닥불용 장작도 주유소에서 사 왔다.

저녁때가 되어 석양이 깃들기 시작한다. 서둘러 모기장을 설치하는데 일이 쉽지 않다. 우여곡절 끝에 어렵사리 모기장 설치를 마쳤다. 이미 캠핑장 주변은 어둠이 깔리기 시작한다. 장작불을 이용하면 요

벌레가 많기 때문에 모기장은 필수다.

리에 시간이 걸리기 때문에 모기장 밖의 식탁에서 휴대용 가스버너를 이용해 삼겹살구이와 소시지구이 등의 음식을 만들었다.

　귀찮은 모기, 파리 등 해충의 방해가 없도록 모기장 안에 식구들이 모여 앉아서 음식을 먹으며 즐거운 시간을 가졌다. 집이 아닌 야외의 캠핑장에서 음식을 해 먹으며 추억을 만들었다.

　식사를 마친 후 주유소에서 사 온 장작으로 모닥불을 피워 놓고 모닥불 주위에 둘러앉았다. 야심한 시간까지 아들네 부부와 함께 도란도란 이야기를 주고받으며 오래 기억될 추억의 시간을 가졌다.

　텐트생활에 익숙하지 않은 탓인지 깊은 잠을 못 자고 잠을 뒤척이다가 아침에 산책하려고 텐트 밖으로 나왔다. 텐트 주변을 살펴보는데 동물들이 서성이고 있었다. 자세히 보니 야생 캥거루였다. 귀한 동물손님이 인사차 이곳을 방문한 것만 같았다.

텐트 주변을 노니는 야생 캥거루. 수십 마리가 무리를 지어 숲 속을 이리저리 뛰놀기도 한다.

평소의 아침습관대로 1시간 정도 캠핑장을 벗어나 길을 따라 산책하는데 캥거루 수십 마리가 무리를 지어 숲 속을 이리저리 뛰놀고 있다. 동물원에서 우리 안에 갇혀있는 캥거루만 보다가 자연 속에서 평화롭게 마음껏 뛰노는 캥거루를 눈앞에서 보고 있자니 너무나 놀라웠다. 신선한 충격이었다. 너무 반가운 마음에 캥거루의 노는 모습을 눈과 머릿속에 남기고 급히 카메라에 담았다.

공원을 끼고 흐르는 강의 선착장까지 갔다가 되돌아와 모닥불을 다시 지펴 온기를 느끼려 했다. 일찍 일어난 아들과 커피 한잔하며 산책길에서 만난 캥거루 이야기를 하면서 식사준비를 했다. 식사를 끝내고 짐을 챙겨 집으로 돌아오는 길에 우리 가족이 하는 이야기의 화제는 단연코 캠핑장에서 본 캥거루였다.

이렇게 1박 2일의 가족 캠핑은 가족 모두에게 잊지 못할 추억을 만들어 주었다.

시드니 북쪽 센트럴 코스트 여행

얼마 전 기차를 타고 뉴캐슬 여행을 한 적이 있다. 기차를 타고 시드니 북부의 센트럴 코스트 지역을 지나면서 아름다운 해안풍경에 매료되어 언젠가 이 지역을 방문하자고 했었다. 이 이야기를 들은 아들이 어느 날 센트럴 코스트 Central Coast 지역의 민박집을 하면서 편안히 다녀오란다.

집 근처의 로즈 역에서 에핑행 T1 기차를 타고 이스트우드 역에서 내려 Central Coast & New Castle Line 기차로 환승하기로 했다. 이 노선은 시드니 시내를 다니는 시티 서클 트레인이 아니

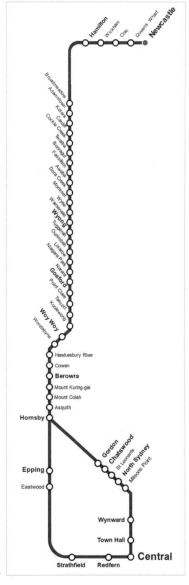

뉴캐슬 라인
노선도

라 시드니와 외곽 지역을 연결하는 인터 시티 트레인이다. 센트럴 코스트 지역을 여행하고자 하는 경우, 출발역인 센트럴 역, 스트라스필드 역, 이스트우드 역, 또는 에핑 역에서 출발하면 된다. 나는 집에서 제일 가까운 이스트우드 역에서 기차를 타기로 했다.

센트럴 코스트 지역은 시드니 도심에서 1시간 정도의 거리에 위치한 호주 동해안 지역이다. 이 지역은 시드니에서 그리 멀지 않고 풍광이 아름다운 지역으로, 국립공원으로 지정되어 있다. 아름다운 해변, 해수욕, 숲길 걷기, 서핑, 낚시, 세일링, 수상스키, 펠리컨 먹이 주기 쇼에 이르는 다양한 볼거리, 즐길 거리가 있는 곳이다.

뉴캐슬행 기차를 타고 30여 분을 달려 나가자 센트럴 코스트 지역의 모습이 눈에 들어오기 시작한다. 헉스베리 리버Hawkesbury River 역을 지나면서 아름다운 강변 철로를 따라 펼쳐지는 수변풍광에 매료되기 시작한다. 이어서 원다바인Wondabyne, 워이워이Woy Woy, 쿨웡Koolewong을 거치면서 예전 젊은 시절 경춘선 기차에 몸을 싣고 여행을 가는 것 같은 묘한 기분이 들었다.

고스포드Gosford 역을 지나 5번째 역이 오늘 내리고자 하는 터게라Tuggerah역이다. 이 역은 뉴캐슬로 가는 열차 중 급행열차는 쉬지 않는 조그만 역이다. 기차에서 내리자마자 역에서 우리를 기다리고 있을 누군가를 두리번거리며 찾고 있는데, 웬 남자가 손짓을 한다. 만나기로 한 민박집 주인이었다.

서로를 확인하는 수인사를 나누고 주인의 차를 타고 가는 동안 이

센트럴 코스트의 셸리 해변

것저것 설명하더니 셸리 해변*Shelly Beach*으로 안내한다. 짙푸른 남태평양의 푸른 바다가 강한 파도의 흰 포말과 대조를 이루며 해변을 수놓는다. 해변을 잠시나마 걸으며 맛보기 추억을 만들고 휴게소로 올라왔다. 휴게소에서 주인이 건네는 커피 한 잔과 머핀 빵을 먹으며 작은 행복감에 젖어든다.

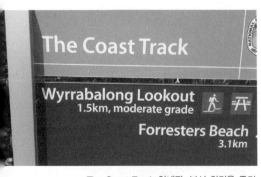

The Coast Track 안내판. 부시 워킹을 즐길 수 있도록 조성된 숲길이다.

해변을 빠져나오니 바로 울창한 숲으로 둘러싸인 와이라바롱*Wyrrabalong* 국립공원 지역이 나온다. 이 지역은 바다에 접한 깊은 산으로, 바다와 산을 동시에 즐길 수 있는 몇 안 되는 관광지란다. 산속으로 들어가니 부시 워킹*bush walking*이 가능하도록

'The Coast Track'이라는 숲길이 조성되어 있다. 열대우림의 숲길을 걷는 부시워킹을 하다 보면 어느덧 힐링이 되는 것을 느낄 수 있다. 강한 햇볕 속에서 부시워킹을 20여 분 즐겼다.

숲길을 걸어 나와 해안절벽을 오르니 특이한 바위에 적힌 안내 표지판이 눈에 들어온다. 이곳 바위 언덕에 서면 날씨 좋은 날 남극에서 남태평양 쪽으로 이동하는 혹등고래를 볼 수 있단다. 혹등고래는 몸길이가 11~16m, 몸무게가 30~40t에 달한다고 한다.

바위에 붙여진 혹등고래 출현 안내 표지판. 숲길을 나와 해안절벽을 오르면 볼 수 있다.

노라 헤드 등대에 대해 설명하는 표지판. 많은 이들이 웨딩 장소로 찾는다고 한다.

이곳을 빠져나와 찾아간 곳은 노라 헤드Norah Head라는 곳이다. Head라는 의미는 해안의 돌출된 지역을 의미하는데 우리말로는 '곶'이라는 지역인 거다. 노라 헤드라는 곳은 파도가 심해 많은 항해선박들이 이 근처에서 난파되었단다. 이런 아픈 사연을 난파선의 기록으로 보여주고 있다.

이 지역의 언덕 위에는 1902년에 만들어진 노라 헤드 등대가 서 있다. 주변의 풍광과 등

노라 헤드의 기념구조물. 난파된 선박이 많은 지역임을 알려주고 있다.

대가 너무나 잘 어울려 많은 이들이 웨딩장소로 이곳을 찾는단다. 나
도 그 아름다움에 취해 이리저리 다니며 추억을 만들고자 했다.

이어서 찾은 곳은 엔트란스 지역이다. 이곳은 지난 크리스마스 연
휴 중 아들네와 왔던 기억이 있는 곳이다. 이곳이 관광지로 유명세를
타게 된 것은 매일 3시 30분에 펼쳐지는 '펠리컨 먹이 주기 쇼' 때문
이다.

이 쇼가 시작된 동기가 재미있다. 이 지역 강가에서 낚시꾼들이 낚
시하여 고기를 잡으면 고기를 가운데 토막만 먹고 나머지 부분은 버
렸다고 한다. 버린 고기를 먹기 위해 펠리컨들이 낚시꾼 근처에 모여
드는 데 착안해 '펠리컨 먹이 주기 쇼'가 시작되었단다. 다녀온 지역이
지만 또다시 쇼 시간에 맞추어 도착하여 '펠리컨 먹이 주기 쇼'[1]에 즐겁
게 참여하고 주변 지역을 둘러본 후 저녁 무렵이 되어서 민박집에 도

....

1 Pelican feeding
   매일 3시 30분에 Pelican feeding 이벤트가 진행된다.
   http://www.threentrance.org/

착하였다.

민박집 숙소에 여장을 푼 후 저녁때까
지 2시간 정도 쉴 수 있었다. 저녁을 근
처의 골프장 내 클럽하우스에서 수제
버거와 칩스로 해결하고, 저녁 석양의
모습이 아름답다는 롱 제티Long Jetty로 향
했다.

롱 제티 안내 표지판.

이 지역은 100여 년 전부터 조용한 마
을임에도 페리가 다녔단다. 그러나 수
심이 낮은 지역이어서 배를 정박할 수
없어 육지서부터 나무다리를 놓아 개인 소유의 페리 정박장을 만들었
단다. 이렇게 만든 나무다리를 제티Jetty라고 하는데, 길게 나무다리가
만들어져 있어 이 동네 이름이 롱 제티Long Jetty가 되었단다.

롱 제티의 석양 풍경은 무척 아름답다.

1915년에 지명이 만들어진 이후 100주년을 기념하여 2015년에 만들어진 기념물을 둘러본 후 롱 제티를 걸으며 석양을 감상하는 맛이 제법 좋다. 그리고 나서 공원 벤치형 의자에 앉아 석양과 함께 어둠이 깃드는 해변을 쳐다보면서 심신을 추슬렀다.

이렇게 민박집에서 하룻밤을 보낸 후 아침에 일어나 산책을 했다. 길 건너에 있는 골프장을 가로질러 Shelly 해변까지 걸었다. 이른 아침임에도 해변에서 서핑을 즐기고 가는 사람들이 있었다. 아마도 출근하기 전에 서핑을 즐기고 가는 것 같았다.

예정된 식사시간에 맞추어 민박집으로 돌아와 민박집에서 제공하는 식사를 했다. 정갈하게 마련된 서양식으로 식사를 한 후 큰 만족감을 주인에게 표했다. 다음 일정을 물으니 오전에 한 곳을 관광하고 가면 된단다. 그 이야기를 듣고 나서 부탁을 했다.

"개인적으로 헉스베리 리버Hawksbury River 역에서 내려 그곳을 즐기고 가겠으니 가까운 역까지 데려다주세요."

"그렇게 하지요" 하면서, 여주인은 방명록을 내민다. 체류 소감 한마디를 글로 남겨 놓으란다. 나는 기다렸다는 듯이 다음과 같이 방명록에 글을 남겼다.

'맛있는 삶의 레시피를 실천에 옮기고 싶어 오게 된 호주에서 시드니를 베이스캠프로 열심히 추억을 만들고 있습니다. 꼭 한 번 다녀가고 싶다는 생각을 하고 찾은 엔트란스 지역의 하얀 동화 속의 집에서 먹고 자며 주인 내외의 친절한 안내로 이곳저곳을 둘러볼 수 있어서 우리 부부는 행복감에 젖어 듭니다. 이곳 부부의 삶을 닮고 싶다는 생각을 하면서 맛있는 삶을 살고 있는 부부를 마음속에 그려 봅니다.'

어제 내렸던 터게라 역에서 아침 9시 40분에 출발하는 기차를 타려고 민박집 주인과 함께 나섰다. 30여 분 만에 역에 도착하여 10여 분 정도 기다렸다가 시드니행 기차를 탔다. 30여 분간 센트럴 코스트를 달려가다가 무언가 볼거리가 있을 것 같은 워이 워이Woy Woy 역에서 내렸다.

역 건너로 보이는 대형 쇼핑센터에 들어가 과일과 음료를 구입하였다. 역 주변의 시가지를 감상하면서 걸어서 선착장으로 향했다. 오래된 도시의 흔적을 곳곳에서 느끼며 감상할

워이 워이 역

워이 워이 메모리얼 파크. 배경 중앙에 이 지역 출신 전사자들을 기리는 탑이 보인다.

수 있었다. 선착장 주변의 공원 벤치에 앉아 구입한 과일 중 1/4 크기의 수박을 손으로 거칠게 쪼개어 정말 맛있게 먹었다.

이곳에서 2시간 정도 머무르며 메모리얼 파크 내에 조성된 이 지역 출신 전사자들을 기리는 탑과 공원 주변의 오래된 건물 등 올드 타운old town의 모습을 추억에 담았다.

이어서 12시 10분에 도착하는 시드니행 기차를 타고 15분 만에 헉스베리 리버 역에 도착하였다. 지난번 뉴캐슬을 가는 길에 이곳을 지나면서 매우 아름다운 풍광이 펼쳐져 인상 깊었던 지역이었기 때문에 꼭 한 번은 들르고 싶었다. 직접 와 보고 싶었던 지역이었기에 설레는 마음으로 역 근처 Brooklyn선착장 주변의 공원을 걸으면서 관광을 하다 내친김에 1시간 정도에 걸쳐 시가지 전체를 한 바퀴 걸어서 관광했다.

그리고 난 후, 역 근처의 Brooklyn 선착장에서 2시에 출발하는 당가르Dangar섬을 돌아오는 페리를 타고 45분에 걸쳐 헉스베리Hawksbury 강 지역의 풍광을 감상했다. 무척 궁금했던 헉스베리 강의 철교에 얽힌 아픈 역사의 현장을 눈으로 보고 귀로 들으며 그 당시의 모습을 잠시 떠올려 본다. 지금은 시드니에서 멀지 않은 곳이어서인지 많은 이들이 관광차 찾아오는 조용한 휴양지란다.

지난번 기차로 뉴캐슬을 가던 중 이곳을 지나면서 "언젠가 이곳을 한번 방문하겠다"라고 다짐했었다. 이토록 다녀가고 싶었던 시드니

헉스베리 리버 철교의 아름다운 모습

북부의 센트럴 코스트 지역을 1박 2일 여행하면서 풍광을 즐기고 나니 나에 대한 숙제가 끝난 느낌이다.

　기분 좋게 헉스베리 리버 역으로 들어가 플랫폼에서 시드니행 기차를 타고 30여 분을 달려 에핑 역에서 내렸다. 이곳에서 센트럴 역행 T1 기차를 타고 로즈 역에서 내려 집으로 돌아왔다.

03
시드니에서 캔버라로 기차를 타고

"아버지, 비행기로 가시지 그래요?"

"시간 여유가 있으니 이번 기회에 기차로 여행하면서 호주 내륙의
모습을 즐겨 볼게."

비행기를 타고 멜번에 가라는 아들의 제안에 부부의 생각을 이렇
게 전했다. 시드니에서 멜번까지 비행기를 타면 1시간 30분이면 갈 수
있다. 하지만 이번 기회에 비행기 대신 기차로 가 보기로 했다.[2] 이왕
에 기차를 타고 가는 거라면 멜번 가는 길에 중간에 쉬어 갈 겸 호주의
행정수도인 캔버라 ^{Canberra}를 들렀다 가야겠다고 생각했다. 그래서 사
전에 시드니에서 멜번행 기차를 예약했던 것을 캔버라에서 하루 묵고

....

2 캔버라
   기차를 타고 캔버라와 멜번을 갈 수 있다.
   장거리 기차는 하루에 1~2번만 운행하니 일정에 맞추어 예약을 잘해야 한다.
   http://www.nswtrainlink.info/

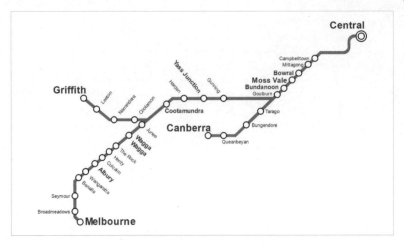

호주 동남부 열차 노선도. 캔버라는 분홍색 노선의 중앙 하단에 있다.

가는 스케줄로 예약을 변경했다. 이렇게 해서 5박 6일의 캔버라와 멜 번을 다녀오는 여행 일정이 만들어졌다.

출발일 아침 일찍 여행가방과 배낭을 챙겨 서둘러 집을 나섰다. 센 트럴 역에서 7시 4분에 출발하는 캔버라행 기차 시간에 맞추기 위해 서이다. 집 근처의 로즈 역에서 T1 기차를 타고 40여 분을 달려 센트럴 역에 도착해 캔버라행 기차를 탈 수 있는 플랫폼으로 이동했다. 플랫 폼에는 캔버라행 기차뿐 아니라 아침 7시 34분에 출발하는 멜번행 기 차도 출발 대기 중이다.

센트럴 역에서 출발하는 캔버라행 기차

시드니에 있는 바로크양식의 웅장한 건물인 센트럴 역은 그야말로 호주의 중앙역이다. 모든 기차는 센트럴 역에서 출발하고 도착한다. 센트럴 역을 출발한 캔버라행 기차는 캠벨타운Campbelltown, 미타공Mittagong, 모스 베일Moss Vale을 거쳐 거침없이 숲 속과 광야를 가로질러 달렸다.

나는 지난번에 모스 베일까지는 인터 시티 트레인 기차를 타고 왔었다. 기차 창밖으로 끝없이 펼쳐지는 드넓은 초원에서 한가로이 풀을 뜯으며 놀고 있는 소, 양, 말들이 보일 뿐이다. 넓은 평야의 색깔이 여름임에도 불구하고 누렇다. 우리나라는 여름의 초원은 푸른색을 띠는데 색다른 모습에 이질감을 느낀다. 여름에 고온 건조한 호주의 날씨 때문에 목초가 타서 그렇단다. 대신 겨울에는 거꾸로 푸른 초원으로 바뀐단다.

넓은 평야를 가로질러 달린 끝에 기차가 도착한 중간역은 골번Goulburn 역이다. 잠시 휴식을 취한 후 기차가 다시 평원을 달리기 시작한다. 초원에서 방목되는 소의 한가로운 모습을 보고 있는데 갑자기 '갇힌 우리' 속에서 사육당하는 우리나라 소들의 모습이 오버랩된다. 어느 나라 소가 스트레스를 더 받으며 살까? 이런 생각을 하며 피식 웃었다. 내가 나에게 던진 어리석은 질문이었다.

지금 타고 있는 기차는 침대 칸, 일등 칸, 일반 칸으로 구분되어 있다. 나는 일반 칸의 좌석에 앉아 캔버라를 가고 있다. 별다른 불편을 못 느끼고 있다. 내가 타고 있는 기차의 앞 칸에는 매점이 있다. 간단

캔버라는 원주민어로 화합의 장소라는 의미가 있다. 멜번과 시드니의 중간에 인위적으로 조성된 도시이기에 이런 이름이 붙었다.

한 식사나 음료 등을 수시로 즐길 수 있다. 한국에서는 판매원이 물건이 담긴 수레를 끌고 기차 내 복도를 따라 이동할 때 먹고 싶은 음식이나 음료를 사 먹는 것과 사뭇 대조되는 풍경이다.

기차는 센트럴 역을 출발한 지 5시간 만인 12시 10분에 목적지인 캔버라 역에 도착하였다.

캔버라가 호주의 행정수도임을 감안한다면 당연히 시드니의 센트럴 역처럼 붐벼야 할 텐데 너무도 한적하다. 내가 그동안 경험한 대도시의 역이 아니라는 생각이 들 정도였다.

캔버라Canberra는 원주민어로 화합의 장소라는 의미가 있다. 기존 수도인 멜번과 경제 중심지 시드니가 서로 수도유치를 놓고 갈등하는 상황에서 양 도시의 중간 지역에 인위적으로 조성된 새 수도가 캔버라 시란다.

캔버라는 1913년에 착공되어 1927년에 국가 수도가 되었으며 국가 필요에 의해 인위적으로 만들어진 계획도시이다. 그렇기 때문에 사람들이 많이 모이는 곳에 역이 만들어진 것이 아니고, 캔버라 시 외곽에 인위적으로 역을 만들었기 때문에 캔버라 역 주변이 사람들로 붐비지 않을 거라는 나름대로의 생각을 했다.

캔버라 역에서 5분 정도 거리에 있는 예약된 호텔에 도착해 체크인을 하고 여장을 풀었다. 잠시 숙소에서 휴식을 취한 후 오후 3시경 근처의 버스정류장에서 버스를 타고 캔버라 투어에 나서기로 했다. 캔버라는 시드니가 속해있는 NSW 지역이 아니므로 시드니처럼 OPAL 카드를 사용할 수 없어 현금탑승을 하기로 했다. Action 카드 대신 현금을 내고 운전사에게 Action 영수증을 받았다.

별 생각 없이 영수증을 주머니에 넣고 버스 내에 서 있는데, 앞에 앉아있는 중년의 승객이 "여행객이냐?" 하고 묻는다. "그래요" 하니, 버스요금 영수증을 보여주면 하루 종일 Hop On Hop Off가 가능하단다. 어디서나 타고 내릴 수 있다는 귀한 정보를 얻을 수 있었다.

버스를 타고 시티센터City Centre 쪽으로 가기로 했다. 안내책자에서 본 국립도서관 등 몇몇 공공기관 명소를 지나다가 호숫가 길로 접어들어 달리는데, 몰롱글로 강Molonglo River을 이용해 만들었다는 오른쪽 호수의 중앙에서 분수대의 물줄기가 시원하게 치솟는다. 하루 2차례 분수가 치솟는데 오후 2시부터 4시까지 치솟는 분수의 장관을 보게 된 것이다.

캔버라 시티센터의 조각상

시티센터 근처에서 하차해 캔버라 대학 방면으로 가는 버스로 갈아탔다. 버스 차창 밖으로 보니 왼쪽에 있는 블랙마운틴Black Mountain에 우리나라의 남산타워 같은 시티타워가 보인다. 이 시티타워에 올라가면 캔버라 시 전체를 조망할 수 있단다. 블랙 마운틴 기슭에 호주

국립대학이 보인다.

버스가 어느 정류장에 서는데, 자전거를 갖고 있던 젊은이가 버스로 다가와 능숙하게 버스 앞 자전거 거치대에 자전거를 거치시키고 버스에 오른다. 매우 낯선 풍경이다. 캔버라 대학을 둘러보고 근처에서 버스를 타고 다시 시티센터에 돌아와 내렸다. 시티센터로 향하다가 근처의 식당에 들어갔는데 손님이 없다. 장사하느냐고 물으니 한단다. 저녁으로 샌드위치를 주문해 먹었다.

캔버라 시티센터의 조형물.

시티센터의 거리를 걸으며 곳곳에 설치된 여러 모습의 거리 조각품을 재미있게 감상하며 추억을 만들었다. 근처의 도서관, 박물관, 극장 등 주변 건물들을 따라 걸으며 그곳의 분위기를 느껴 보고자 했다. 시티센터를 벗어나 몰롱글로 강을 이용해

몰롱글로 강의 전경

몰롱글로 강변을 따라 조성된 산책길에는 호주를 빛낸 영웅들의 모습을 새겨놓은 석조물이 나열돼 있다.

만든 호숫가 산책길로 접어들어 팔러먼트 존^{Parliament Zone}으로 향했다.

시원한 몰롱글로 강을 이용해 인공 조성된 호수의 바람을 맞으며 다리를 건너 호숫가 길을 걷는데 특이한 조형물이 눈에 들어온다. 가까이 다가가 보니 호주를 빛낸 영웅들의 모습을 새겨 놓은 석조물이었다. 2015년까지 호주를 빛낸 영웅들의 모습이 그들의 업적과 함께 돌판에 새겨져 호숫가를 따라 세워져있다. 2016년을 빛낸 인물은 아직 선정이 안 되어 2016년만 새겨져 있고 그 밑에 "?" 표시만 있다.

매년 1월 26일은 '호주인의 날^{Australian Day}'로 공휴일이다. 왜 1월 26일이 호주인의 날일까? 쿡^{Cook} 선장이 영국에서 죄수 250명을 태우고 시드니 항을 통해 호주에 첫발을 내딛은 날이 1788년 1월 26일이라서 이 날을 호주인의 날로 만들어 기념하는 거란다. 원주민의 입장에서는 침략일 뿐인데 말이다.

저녁에 호텔 숙소에서 TV를 보니 호주인의 날을 하루 앞두고 호주를 빛낸 영웅인 줄기세포 관련 학자가 선정·발표되었다. 그의 업적과

모습도 조각판에 새겨져 조만간 이곳에서 볼 수 있을 것이라 생각한다.

호주를 빛낸 인물을 기리는 조각판. 이 사진을 찍은 날 저녁에 2016년의 인물이 선정되었다.

이곳을 지나 국립도서관, 박물관 앞으로 해서 캐피탈Capital 건물로 향했다. 건물 중앙에 서서 건물을 등에 업고 호수를 바라보면 캔버라가 철저히 계획된 계획도시임을 확인할 수 있다. 이렇게 캐피탈을 둘러본 후, 구 의사당건물을 지나 버스를 타고 숙소호텔에 도착하니 저녁 9시경이다. 버스를 타고 오는 동안 버스 차창 밖의 풍경은 수도임에도 어둠 속에서 적막했다.

캔버라의 캐피탈 건물. 건물 중앙에 서서 호수를 바라보면 캔버라가 철저히 계획된 도시임을 알 수 있다.

<u>04</u>

멜번에서 가족과의 만남

캔버라에서 하루를 보내고 다음 날 아침 일찍 멜번Melbourne으로 출발하기 위해 서둘렀다.

호텔 레스토랑에서 뷔페식으로 식사를 하고 체크아웃했다. 호텔에서 5분 거리에 있는 캔버라 역까지 걸어갔다. 아침 9시 22분 캔버라를 출발하는 기차를 설레는 마음으로 기다리고 있는데, 역무원이 다가오더니 대합실의 승객들에게 역 바깥에 대기하고 있는 로드 코치 버스Road Coach Bus에 타라고 한다.

예약상황을 인쇄한 프린트를 주머니에서 꺼내 확인했다. 확인하고 보니 직접 캔버라에서 멜번까지 가는 기차는 없었다. 이곳, 캔버라에서 3시간을 로드 코치 버스Road Coach Bus로 달려 쿠타문드라Cootamundra 역에서 멜번 행 기차를 12시 30분에 탑승하도록 되어 있었다. 그 열차는 시드니 센트럴 역에서 아침 7시 34분에 출발하는 멜번행 기차였다.

빅토리아 주 지도

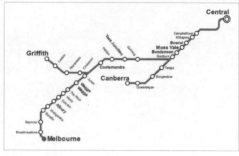

멜번으로 가려면 쿠타문드라에서 멜번으로 가는 기차를 타야 한다.

캔버라에서 쿠타문드라까지는 로드 코치 버스를 타고 가야 한나.

예상치 못했던 로드 코치 버스를 타고 내륙 여행을 하는 것도 재미가 있겠다는 생각이 들었다. 버스 차창 밖으로 펼쳐지는 호주 내륙의 전원풍경을 즐겁게 감상할 수 있을 것이라는 기대감에 부풀어 버스 좌석에 앉았다.

캔버라 역을 출발한 버스는 시내의 시티센터를 거쳐 캔버라 시 북쪽의 외곽 지역으로 달리기 시작하였다. 차창 밖으로 시골의 전원냄새가 물씬 풍기는 풍경이 끝없이 이어지고 있다. 광활한 들판에서 한가로이 풀을 뜯으며 노니는 소, 양, 말들의 모습이 마음의 여유를 갖게 한다.

버스는 1시간 10분 정도를 달려 야스 정선$^{Yass Junction}$ 역에 10시 30분에 도착하였다. 이곳 시골 역에서 10여 분 정차하면서 몇 명의 승객이 하차했다. 그 후 버스는 몇 개의 시골 마을 정류소를 거치며 종착역인 쿠타문드라 역에 도착을 했다. 캔버라 역을 출발한 지 3시간여 만이다.

쿠타문드라 역에서 버스를 내리니, 내가 타고 온 버스 외에도 크고

작은 몇 대의 버스가 이미 도착해 있거나 도
착하고 있었다. 기차와 연계한 로드 코치버
스들이 기차 도착시간에 맞추어 여러 지역
으로부터 승객들을 태우고 온 것이다.

쿠타문드라 역의 플랫폼에서 휴식을 취
하면서 30여 분을 기다려 시드니 센트럴 역

쿠타문드라에서 멜번으로 가는 기차를
탈 수 있다.

열차의 창밖으로 보이는 풍경

열차 창밖으로는 광활한 초원이 보인다.

에서 아침 7시 34분에 출발한 멜번행 기차를 탔다. 이곳에서 5시간 반 정도를 달려야 목적지인 멜번에 도착할 수 있다. 기차는 3시 50분에 왕가라타^{Waugaratta} 역, 5시에 시모어^{Seymour} 역 등의 몇 개의 역을 거치며 남호주의 초원평야를 가로질러 달렸다.

기차가 브로드 메도우스^{Broad Meadows} 역 근처에 오면서 집단거주지가 눈앞에 보인다. 시계를 보니 멜번 도착을 30여 분 남겨둔 오후 6시다. 긴 기차여행의 종착지가 다가오고 있다.

기차는 드디어 종착역인 멜번의 서던 크로스^{Southern Cross} 역에 무사히 도착했다. 시드니에서부터 캔버라를 거쳐 멜번까지의 기차여행을 2일에 걸쳐 무사히 끝낸 것에 대해 기쁜 마음을 감출 수 없었다. 그뿐인가, 오늘 한국에서 장시간 비행 끝에 멜번에 도착한 큰아들네 식구들을 잠시 후 만나게 된다는 흥분을 주체할 수 없다.

멜번의 서던 크로스 역

이렇게 들뜬 마음으로 역을 빠져나와 기다리고 있던 큰아들네 식구들과 상봉의 기쁨을 나눴다. 큰아들네 식구들은 오늘 낮에 멜번에 도착해 숙소에 여장을 풀고 저녁때 우리를 마중 나왔다. 도심에 있는 서던 크로스 역을 빠져나와 숙소까지는 걸어서 10여 분 정도 걸린단다. 손주들 손을 잡고 걸으면서 주변 거리를 보니 영국 빅토리아 양식의 고풍스런 건물들이 많이 눈에 들어온다. 유럽냄새가 물씬 풍기는 분위기다.

호텔에 들어와 짐을 풀고 저녁을 먹기 위해 한국의 종로라고 할 수 있는 멜번의 중심거리라는 플린더스 스트리트Flinders Street 역 근처까지 걸어서 갔다. 첫눈에 들어오는 플린더스 스트리트 역 건물은 노란색 건물인데, 1854년에 만들어진 멜번 최초의 기차역이란다. 멜번 여행의 상징물이라고도 하는 역 건물의 고풍스런 외관은 주변경관과 절묘한 조화를 이룬다.

근처의 음식점에서 햄버거와 칩스로 늦은 저녁을 해결했다. 저녁을 먹은 후 늦은 밤이지만, 페더레이션 광장Federation Square으로 향했다. 이곳에서는 매일 크고 작은 문화행사가 열리곤 한단다. 호주 오픈 테니스 대회가 열리고 있다는 대회장 쪽으로 걸어갔다.

페더레이션 광장에서는 매일 크고 작은 문화행사가 열린다. 이날은 호주 오픈 테니스 대회가 열렸다.

오늘은 호주 오픈 남자 테니

스 8강전이 열리고 있다. 직접 관람하지는 못했지만 우리나라의 대기업인 KIA가 10년째 메인 스폰서로 참여하고 있는 AO현장에서 경기장 밖 언덕에 설치된 대형 스크린과 이벤트를 통해 많은 이들과 함께 현장의 열기와 모습을 즐길 수 있었다. 주변의 강가에는 많은 이들이 저녁 산책을 삼삼오오 즐기고 있는데 우리도 동참해 멜번 여행의 첫날을 즐기자고 했다.

플린더스 스트리트 역 근처에 와서 멜번에 며칠 머물며 필요한 음식재료 등 물품을 마켓에서 구입한 후 멜번의 명물인 트램Tram 전차를 타고 숙소로 돌아왔다.

오늘은 호주인의 날Australian Day이다. 숙소 근처에 오는데 불꽃놀이 축제가 진행되고 있어 하늘을 아름답게 수놓고 있다. 오늘 생일을 맞은 손녀 정연이의 9번째 생일을 축하해주는 듯했다. 숙소에 들어와 조촐하게 손녀의 생일파티를 하고 멜번의 첫날을 마무리했다.

멜번의 플린더스 스트리트 역은 1854년에 만들어진 멜번 최초의 기차역이다.

05
멜번 시티투어

멜번에서 첫날을 보낸 다음 날 큰아들, 큰며느리, 손녀, 손자 등 3대가
족 6명이 BMW^{Bus, Metro, Walking}로 멜번 시내 시티투어에 나섰다.

시드니를 포함한 NSW 주에서는 교통카드인 OPAL 카드가 있듯
이, 빅토리아^{Victoria} 주에서는 myki 카드가 있어, 이 카드만 있으면 멜번
의 트램, 기차, 버스를 자유롭게 이용할 수 있다. 오늘 시티투어는 구

입한 myki 카드를 지참하고 숙
소 근처에서 트램 전차를 타고
이동하기로 했다. 멜번의 명물
이기도 한 트램 전차는 시내의
CBD^{Central Business District} 지역이라고
하는 일정구역 내에서는 요금
을 내지 않고 무료로 이용할 수
있다. 시내 관광을 하고자 하는

멜번 시티투어를 위해 멜번의 명물인 트램 전차를
타기로 했다.

관광객에게는 큰 혜택이 아닐 수 없다.

트램에서 내려 걸어서 도착한 곳은 호주 국립 도서관이다. 도서관에 들어가니 돔형으로 만들어진 장엄한 분위기에 압도되는 것 같다. 역시 소문난 대로 대단한 위용을 뽐내고 있었다. 도서관 내부의 전시물들을 감상하고 나서 도서관의 꼭대기까지 여러 층을 오르내리며 이곳저곳을 둘러보며 추억을 만들었다.

NSW 주에는 OPAL 카드가 있듯 멜번에는 myki 카드가 대중교통카드이다.

이곳을 나와 찾아간 곳은 현재 RMIT 공과대학 건물로 사용되고 있는 구 법원 건물과 그 옆의 감옥 건물이다. 서울의 서대문 형무소 같은 곳이다. 다소 무리했는지 강행군에 따른 피로감이 나도 느껴지는데

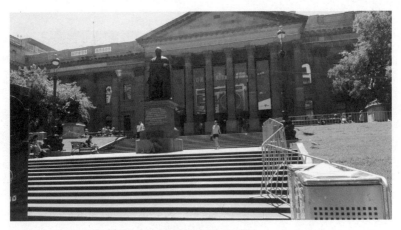

호주 국립 도서관. 내부의 장엄한 분위기는 보는 사람을 압도한다.

멜번 박물관. 남반구에서 가장 크고 선진화된 박물관이다.

피곤한 기색이 역력한 아내를 보니 미안한 마음이 들었다. 우리는 이곳 잔디밭에 앉아 쉬면서 긴 이동에 지친 몸 컨디션을 다잡았다.

이어 트램을 타고 찾아간 곳은 멜번 박물관이다. 2000년에 개관한 남반구에서 가장 큰 박물관이면서 가장 선진화된 박물관이란다. 외관부터 현대적 감각이 물씬 풍긴다. 박물관에 입장하려 하자 아내와 아들이 빠지겠단다. 아내는 '체력이 달린다'고 하면서 '정원 근처 그늘에서 몸을 추스르며 쉬겠다'고 하고, 아들은 예전에 멜번 여행 때 박물관을 들른 적이 있어 안 들어간단다.

며느리, 손주들과 함께 입장한 후 잘 꾸며 놓은 열대우림 박물관을 감상했다. 그리고 나서, 며느리는 아이들에게 도움이 될 수 있는 Big Box로 간단다. 나는 그들과 헤어져 나대로 호주의 짧은 과거, 현재, 미래를 나름대로 이해하는 데 도움이 되는 주거지의 모습, 교통수단의 변천사, 호주의 미래 등과 관련된 각종 전시물들을 감상했다.

그중에 나의 눈에 띄는 전시물이 있었다. 바로 '알을 품은 암탉'이라는 제목이 붙은 검은색의 대리석 조각품이다. 올해가 정유년 닭의 해

**'The hen that cackles and lays eggs',
1880s**

알을 품은 암탉. 1880년作. 정유년을 맞이해 사진을
찍어 지인들에게 보냈다.

이니, 이 조각품의 사진을 지인들에게 보내야겠다고 생각하고 찍어 두었다. 박물관을 나오자마자 이 사진을 메시지와 함께 지인들에게 보내며 멜번에서 새해 인사를 대신했다.

호주의 국가 문장. 캥거루와 에뮤를 통해 호주가 앞으로 나아가는 미래지향적 국가임을 형상화했다.

전시장 한편에는 호주의 국가 문장이 보인다. 호주 6개 주의 휘장이 새겨진 방패를 호주의 상징물인 박제된 캥거루Kangaroo와 에뮤Emu가 들고 있는 모습의 공식 국가 문장이다. 캥거루와 에뮤는 절대 뒤로 걷지 않고 앞으로 나아가는 동물들로, 호주의 앞으로 나아가는 미래상을 형상화했단다.

박물관을 나와 정원에 도착해 보니 정원 근처 그늘에서 몸을 추스르며 쉬겠다고 했던 아내와 아들이 기다리고 있다. 그런데 무슨 결혼식 이벤트라도 있었는지, 하객들이 신랑신부를 축복해주며 사진을 찍고 담소를 나누고 있다. 나무 그늘에서 쉬고 있는 동안 무슨 일이 있었는지 궁금해 아내에게 물었다. 시원한 분수와 꽃으로 잘 조성된 정원에서 아름다운 결혼식이 거행되었다고 하면서 그늘에서 쉬는 동안 보기 쉽지 않은 좋은 구경을 했노라고 한다.

박물관을 나온 가족들과 함께 분수대 앞의 정원에서 이런저런 사진을 찍으며 추억을 만들었다.

배가 출출해서 시계를 보니, 점심때가 한참 지났다. 점심을 가까운 곳에서 먹자고 하니 조금 늦게 먹더라도 맛집을 찾아가서 먹자

분수와 꽃으로 조성된 정원에서 결혼식이 치러지기도 한다.

고 한다. 큰아들의 제안에 따라 큰아들이 10년 전에 들른 적이 있다는 맛집으로 가기로 했다.

이 맛집은 어제 저녁 산책을 했던 강변 신시가지에 위치한 레스토랑이란다. 트램을 타고 강변 근처에서 내려 강변을 따라 거슬러 올라가는데, 입구에 Chinese New Year's Day를 축하하는 풍선아치와 함께 각종 현수막이 나부끼는 가운데 축하공연이 벌어지고 있었다. 주변 거리는 관광객들로 붐비고 있고, 다양한 먹거리와 함께 길거리 상점들이 장사진을 치고 있다. 좋은 구경을 한다고 생각하고 이것저것 재미

메리웰 버거의 수제 버거는 유달리 맛이 좋다. 왕립 식물원의 보타닉 버거 생각이 나기도 한다.

있게 감상하며 걸어, 드디어 맛집을 찾아 들어갔다.

'메리웰 버거Merrywell Burger'라는 맛집은 깔끔한 모습의 2층 레스토랑이다. 오래 걸어 찾아왔기 때문인지는 몰라도 수제 버거의 맛이 유달리 좋았다. 발품을 팔아 맛집을 찾아오길 잘했다는 생각이 들었다. 수제 버거를 먹으면서 시드니의 오페라 하우스 옆에 있는 왕립 식물원Royal Botanic Garden의 레스토랑에서 먹었던 수제 버거인 보타닉 버거 생각이 났다.

맛집에서 늦은 점심을 즐겁게 먹은 후, 트램 전차를 타고 시내로 들어가기로 했다. 트램도 이곳의 명물이니, 옛 모습의 트램을 타 보자고 제안을 했다. 예전 모습을 간직한, 내부가 나무로 된 트램을 골라 타고 시내 관광을 하면서 숙소로 돌아왔다.

저녁은 숙소에서 데판야끼라고 하는 아내표 소고기볶음요리를 준비해서 먹었다. 곧바로 휴식시간과 함께 TV로 중계되는 호주오픈 테니스 준결승전을 시청하며 즐거운 시간을 보냈다.

06
필립 아일랜드 펭귄 퍼레이드

멜번에 도착한 지 3일째 되는 날부터 이틀에 걸쳐 큰아들네와 함께 현지 여행 상품을 통해 투어를 즐기기로 했다.

아침 10시 50분, 여행사 앞에서 출발하는 투어버스 시간에 맞추어 가족 6명은 숙소를 나섰다. 몇 블록 도심을 가로질러 걸어 미팅장소에 도착하여 다른 일행들과 함께 미니버스에 탑승했다.

여행사 소속의 가이드 겸 운전사는 투어 일정을 시작하면서 자기소개와 함께 '고객의 건강과 안전'을 강조한다. 여행 경험을 통해 생각해 보면, 분명히 그의 말이 옳기에 고개를 끄덕였다. 그는 차를 타고 가면서 현지인으로서 경험한 많은 이야기를 끊임없이 쏟아낸다.

호주라는 국가가 탄생한 해는 1901년이고, 그때부터 1926년까지 멜번이 행정수도였다. 1926년에 캔버라가 새로운 행정수도가 되면서 멜번은 문화도시가 되고, 시드니는 경제도시가 되었단다.

멜번은 다민족이 모여 사는 도시로, 다양한 문화가 존재한단다. 멜번은 남반구의 파리로 불리며, 영국의 어느 경제연구소 조사에 따르면 멜번이 조사대상 90여 개 도시 중 가장 삶의 질이 우수한 도시로 선정되었단다. 아마도 호수와 공원이 잘 조성되어 있고, 자연의 혜택을 많이 누릴 수 있기 때문일지도 모르겠다. 그래서인지 뉴욕사람들이 스스로를 '뉴요커'라고 부르듯이, 호주 멜번에 사는 사람들은 스스로를 '멜버니안*Melbournian*'이라고 부르며 자부심이 대단하단다.

멜번을 방문하는 사람이 많이 찾는 관광지에 대해 물었다. 크게 세 코스가 있단다. 첫째가 금광촌 방문, 둘째가 오늘 가게 될 펭귄 섬 방문, 셋째가 세계 10대 관광지의 하나인 그레이트 오션 로드*Great Ocean Road* 방문이란다.

오늘 방문하는 곳은 멜번 동쪽의 관광 프로그램이다. 멜버니안들이 많이 찾는 휴식처인 해발 640m 높이의 단데농 레인지스 국립공원*Dandenong Ranges National Park*이다. 멜번 시내에서 70km 거리에 있는 단데농 레인지스*Dandenong Ranges* 산에 도착 후 조그마한 규모의 윌리엄 리켓 조각공원을 둘러보았다.

이어서 건너편의 멘지스 크릭*Menzies Creek* 역으로 향했다. 호주 최초의 증기기관차이자 100년의 역사를 지닌 증기기관차인 퍼핑 빌리*Puffing Billy*에 탑승하기 위해서다. 원래 이 열차는 단데농 지역의 화물을 실어 나르는 화물열차였다고 한다. 과거 폐쇄하기로 한 노선을 지역주민의 요구로 보존하기로 결정한 뒤, 주민들이 자발적으로 운영하고 있단다. 지금은 관광객들에게 어린 시절의 추억으로 되돌아가는 경험을 주

호주 최초의 증기기관차이자 관광상품이 된
퍼핑 빌리

퍼핑 빌리에 타는 승객들은 발을 창밖으로
뻗을 수 있다.

단데농 레인지스 국립공원 내에선 수백 살이
훌쩍 넘은 고목들을 볼 수 있다.

는 체험 여행 상품이 된 것이다. 이 중 기기관차의 가장 큰 특징은 열차의 창밖으로 승객들이 발을 뻗을 수 있다는 것이다.

멘지스 크릭 역에서부터 벨그레이브Belgrave 역까지 30여 분 동안 관광객 모두가 차창 밖으로 발을 꺼내 놓은 채 발을 동동 구르며 숲길을 달리는 즐거움을 만끽할 수 있다. 사라질 위기에 처했던 중기 기관차를 그대로 두고자 한 지역주민들의 노력과 유명한 관광 상품으로 새롭게 만들어 낸 그들의 아이디어가 기발하다는 생각을 멈출 수가 없다.

벨그레이브 역에 도착해서는 단데농 레인지스 국립공원 내의 숲길을 걷는 부시워킹bush walking을 하면서 수백 년의 수령樹齡을 갖고 있는 수십 미터 크기의 고목나무 속에 들어가서 기념사진도 찍으며 즐거운 시간을 가졌다. 그런 다음 근처의 식당에서 현지 음식으로 점심을 맛있게 먹었다.

점심식사 후 도착한 곳은 Maru & Animal Park다. 나와 아내는 얼마 전 시드니 북쪽의 캠핑장에서 야생 캥거루들을 만나 즐거운 시간을 보낸 경험이 있다. 그래서 동물원 입장을 하지 않고 카페에서 쉬기로 했다. 아들네 식구들만 입장을 하여 코알라와 캥거루 먹이주기 체험을 하며 즐거운 시간을 보냈다.

이곳을 나와 도착한 곳은 필립 아일랜드Phillip Island다. 오늘 관광일정의 하이라이트인 리틀 펭귄 퍼레이드 관람을 통해 그들의 생활과 습관을 눈으로 직접 보기 위해서다. 섬에 도착한 시간대가 해가 서쪽으로 넘어가는 시간대임에도 햇볕이 무척 강하다.

해변 도로를 달리고 있는데, 해변 언덕에 조그만 무덤같이 불룩하게 솟아오른 지형들이 나타난다. 이것이 소위 '리틀 펭귄 굴'이란다. 조그마한 굴속에 사는 리틀 펭귄의 모습이 궁금해 가이드에게 물었다.

"저 펭귄들은 가족단위로 살아요?"

마루 앤 애니멀 파크에서는 캥거루 먹이주기 체험을 할 수 있다.

리틀 펭귄의 집이라고 할 수 있는 리틀펭귄 굴. 입구에 빼꼼 내민 리틀펭귄의 머리가 보인다.

"그래요."

조그만 무덤 같은 굴속에 펭귄 가족이 모여 산단다. 오늘 보게 될 '리틀 펭귄'은 바다에 2~3일 전에 고기를 잡으러 나갔다가 집으로 돌아오는 펭귄이란다. 펭귄의 키는 약 30cm 정도여서 리틀 펭귄Little Penguin 이라고 부른다고 한다.

오늘 보게 될 리틀 펭귄은 일터인 바다에서 집으로 퇴근하는 시간이 저녁 9시 정도라고 하여, 그 시간대에 맞추어 관광객들이 모여드는 것이었다. 그런데 아이러니하게도 펭귄의 익사율이 꽤나 높단다. 이유는 펭귄이 물속에 사는 동물이 아니라 새이므로 잠수는 2분 정도가 한계인데 무리하다 보면 익사할 수 있다는 거다.

리틀 펭귄은 가족단위로 움직인단다. 정말 저녁 9시부터 해변에서 벌어지는 리틀 펭귄의 퇴근 퍼레이드를 통제요원의 통제하에 지근거리의 해변에 앉아서 지켜보았다. 10마리 정도의 무리가 한 팀이 되어 바다에서 뭍으로 해변을 가로질러 걸어가는데, 그 가족 중 1마리(아마도 아빠 펭귄)가 먼저 바다에서 나오고, 나름의 신호에 의해 다른 무리들이 바다에서 따라 나오는 것이다.

30여 분간의 리틀 펭귄 퍼레이드를 어둠 속 바닷가에서 재미있게 감상한 후 10시경 펭귄 센터를 빠져나왔다.

쉽게 볼 수 없는, 흔치 않은 경험을 하면서 좋은 추억을 만든 하루라는 생각을 하며 멜번으로 되돌아왔다. 시계를 보니 거의 자정이 다 된 시간이었다.

07
그레이트 오션 로드 도전

호주의 멜버니안들이 주말이면 가장 많이 찾는 곳이면서 세계 10대 관광명소 중의 하나로 선정된 곳이 멜번 서남쪽에 위치한 G.O.R.^Great Ocean Road이다.

어제에 이어 오늘 관광 상품으로 호주에서 죽기 전에 꼭 가 봐야 할 관광지로 알려진 G.O.R.을 관광한다니 가슴이 설렌다. 오늘 관광하고자 하는 곳은 215km의 G.O.R.을 따라 조성된 해안 관광지이다.

멜번에서 1시간 반 정도를 서남쪽으로 달려 G.O.R. 입구에 도착하였다. G.O.R. 아치가 서있어 이곳이 Great Ocean Road가 시작되는 지점임을 알려준다. 근처에서 찾은 지도는 G.O.R.을 상세하게 안내하고 있어 많은 정보를 얻을 수 있었다. 입구의 해변인 앵글시 비치^Anglesea Beach를 내려가 잠시 해안의 정취를 맛보고 올라왔다.

G.O.R. 아치 옆에는 G.O.R. 건설에 참여한 사람들을 기리는 조형물

G.O.R. 입구. 특이한 모형의 아치로 이곳이 시작되는 지점임을 알려준다.

이 서 있다. 여기에 적힌 G.O.R. 건설의 뒷얘기가 재미있다. 제1차 세계대전 당시, 영국 등은 오스만 터키를 상대로 전쟁을 치르고 있었다. 당시 모국인 영국을 돕기 위해 호주를 비롯한 영英연방 식민지에서 지원군이 파견되었다. 군인들 중 어느 군인들보다도 호주 군인들이 전장에서 참호를 제일 잘 팠단다. 여기서 호주 군인들에게 별명이 붙었다. 땅을 잘 파는 사람을 의미하는 '디거Digger'라고 했다. 아마도 1788년 호주에 첫발을 내딛은 이후 땅을 많이 파고 건설한 데서 땅을 잘 파던 사람들의 DNA가 유전되지 않았을까? 하는 생각을 했다.

어쨌든 제1차 세계대전이 끝나고 귀국한 군인들을 국가적으로 관리할 필요가 있어 그들을 G.O.R. 건설에 투입하기로 하였다고 한다. 이렇게 G.O.R.은 전쟁터에서 귀국한 군인들의 노력으로 만들어진 도로이다. 이를 기념하는 조각물이 G.O.R. 아치 옆에 만들어져 있는 것이다.

파란 하늘과 짙푸른 바다, 그리고 강한 파도가 만들어내는 흰 포말이 절묘하게 어우러지는 풍광을 감상하면서 G.O.R.을 달렸다. 점심때가 다가오자, 아늑한 지역인 아폴로 베이Appolo Bay에서 점심을 먹고 쉬었다 가기로 했다. 찾아간 곳은 그리스인 부부가 운영한다는 레스토

운이 좋아 나무 위에서 잠자는 코알라를 볼 수 있었다.

랑이다. 음식 가격도 저렴하고, 기대 이상으로 맛있었다.

점심식사 후 찾아간 곳은 근처의 코알라 서식지였다. 운이 좋으면 숲 속에 사는 코알라를 볼 수 있단다. 기대를 갖고 숲 속에 도착해 나무 위를 관찰하다가 코알라를 발견했다. 큰 유칼립투스 가지에서 잠을 자고 있었다. 몇몇 나무에서 서식하고 있는 코알라를 직접 보는 것도 색다르고 재미있는 체험이었다.

G.O.R.을 계속 달려 도착한 곳은 포트 캠벨Port Campbell 국립공원이다. 이곳에서 G.O.R.의 명물인 12 사도의 모습을 먼저 눈에 담고자 했다. '언제 여기를 또 오겠냐'고 하면서 경험담을 말하는 아들의 강력한 권유로 헬기탑승관광을

포트 캠벨에서 해안 절경을 헬기를 타고 둘러보는 체험을 할 수 있다.

12사도를 포함한 해안 절경을 헬기에서 보면 호주의 그랜드캐니언이라는 말이 실감난다.

하기로 했다. 헬기탑승관광은 '호주의 그랜드캐니언'이라고 하는 해안 절경(12사도 포함)을 6인승 헬기에 탑승해 15분에 걸쳐 둘러보는 프로그램이다.

손녀, 며느리, 아내와 함께 4명이 '12사도 헬기 탑승장'에서 헬기를 타고 12사도 등 해안의 절경을 감상했다. 정말 미국의 그랜드캐니언이 떠오르는 호주판 그랜드캐니언이었다. 2억 년 전에 형성된 석회암 바위가 파도에 침식되어 만들어진 바위들과 절벽의 황홀해질 정도의 절경을 보며 잊지 못할 추억을 만들었다.

다시 걸어서 도착한 곳은 로카드 고지Loch Ard Gorge라는 곳이다. 이 명

광활히 펼쳐진 절경은 황홀하기까지 하다.

로카드 고지

칭은 이곳 해안협곡에서 난파된 배인 로카드Loch Ard, 로흐 아드, 절벽 틈새를 의미하는 고지Gorge를 합성해 만든 거란다.

1878년, 영국 아일랜드의 가족을 태운 이민선인 로카드 범선의 침몰지가 바로 이곳이란다. 그해 5월 31일, 긴 항해 끝에 호주 도착을 앞두고 선상파티가 열리고 있었단다. 승객 54명을 태우고 이곳을 지나던 중 안개가 짙게 깔리면서 배가 해안 절벽에 부딪혀 난파되었단다.

살아남은 사람은 두 명인데, 그중 한 명은 톰Tom이라는 19세 남성 견습 사원이었다. 그는 난파된 배에서 절벽 틈새로 튕겨져 나와 파도에 밀려 백사장에서 기절해 있다가 웬 여자의 비명소리를 듣게 되었단다. 톰은 정신을 차리고 나무판자에 의지한 채 표류하고 있는 여성을 구출하게 되었단다. 그녀는 에바Eva라는 21세 승객이었다고 한다.

그 후 두 생존자의 뒷이야기가 궁금해졌다. 에바는 영국으로 돌아갔고, 에바를 구출했던 톰은 나중에 원주민 여인과 결혼했다고 한다.

어쨌든 이 지역은 로카드 사고 후 시신도 4구밖에 건지지 못할 정도로 험난한 지역이며, 지금까지 80여 척의 배가 난파된 기록이 있는 곳이다. 이런 사연을 간직하고 있는 협곡을 내려가 협곡 속의 조그만 백사장에서 난파 당시 절박했을 모습들을 떠올리며 협곡의 모습을 눈에 담고자 했다.

이후 백사장을 올라와 해안 쪽으로 걸어 찾아간 곳은, 배가 부딪혀 난파된 현장을 확인할 수 있는 쉽렉 록 Shipwreck Rock과 레이저백 록Razorback Rock이다. 이 절벽바위는 기암절벽으로 유명하지만, 사고 당시의 난파선 모습을 극명하게 보여주는 듯했다.

이어서 12사도Twelve Apostles 조각물이라고 이름 붙여진 해안 절경을 찾았다. "왜 12사도 조각물이라고 이름 붙였나요?" 하고 가이드에게 물었더니, 돌아온 답이 싱겁다. "기독교문화권의 국가이다 보니 그냥 해안의 12가지 절경을 12사도라고 붙인 겁니다. 아마도 우리 같으면 '12사또'라고 했을 걸요" 한다. 지금은 12개의 바위 중 8개만 남아있다.

이렇게 하루 일정으로 그레이트 오션 로드 관광을 마무리하고 흥분된 마

음을 진정시키면서 멜번으로 돌아왔다. 멜번에 도착하니 저녁 8시가
되었다.

3박 4일에 걸쳐 큰아들네 식구와 함께한 삼대三代 여섯 명의 멜번 관
광이 무사히 마무리되었다.

로카드 범선이 침몰했던 곳은 유달리 좁고 험준한 지형이다.

3대 세 가족
호주동부 여행도전

01
멜번에서 시드니로 이동하여

어제 G.O.R.을 다녀오면서 3박 4일의 멜번 여행을 마무리했다. 어제 멜번에 늦게 도착했지만 오늘 새벽에 시드니로 출발하는 비행기에 탑승해야 하므로 늦은 저녁을 제대로 먹고 자야겠다는 생각이 불쑥 들었다.

늦은 밤이지만, 혹시나 해서 근처에 한식을 잘하는 맛집이 있는지 있으면 소개해 달라고 가이드에게 부탁했다. 도착하는 곳 바로 길 건너에 한식집이 있단다. 옥호가 '묵찌빠'란다. 우선 옥호가 마음에 들었다. 음식점에 들어서서 큰아들네 식구와 아내를 포함한 여섯 식구가 각자 좋아하는 음식을 식단을 보고 선택하도록 했다.

다양하게 나온 음식은 맛집답게 여섯 식구 모두가 음식을 통해 행복함을 느끼기에 손색이 없었다. 음식을 통해 지친 몸과 마음을 추스르고 숙소에 들어와 새벽에 떠날 준비를 하고 잠을 청했다.

다음 날 새벽, 알람에 의존해 일어난 식구들은 부산했다. 사전에 예약해 두었던 밴 택시Van Taxi를 타고 30여 분 만에 멜번 공항에 도착했다. 공항수속을 마치고 정시에 출발한 비행기는 1시간 30여 분 비행 끝에 시드니공항에 안착했다.

공항에서 작은아들네 가족과 상봉의 기쁨을 나눴다. 상봉 후 여행 짐은 작은아들 차에 실어 큰아들네가 묵게 될 숙소에 갖다 두도록 했다. 그리고 다른 가족들은 집에 가지 않고 바로 시드니 관광을 하기로 했다.

우선 교통카드인 OPAL 카드를 구입했다. 대중교통카드를 이용해 여행하는 편리함이 적지 않기 때문이다. 국내선 대합실을 빠져나와 도매스틱 에어포트Domestic Airport 역에서 서큘러 키 역행 T2 기차를 타기로 했다. 하버 브리지와 오페라 하우스가 있는 서큘러 키 역으로 가서 시드니 시내 관광을 시작하기 위해서다. 역의 플랫폼에서 시내의 서

서큘러 키 앞에서 하버 브리지와 오페라 하우스의 파노라마 전경을 추억에 담았다.

큘러 키 역으로 가는 기차에 탑승해 출발을 기다리고 있는데 응급상황이 발생해서 언제 기차가 출발할지 모르게 됐다.

돌발 상황에 당황하면서 기차에서 내려 반대편 플랫폼으로 갔다. 여기서 시드니 시 외곽 쪽으로 가는 기차를 거꾸로 타고 두 정거장을 가서, 도심으로 가는 T1 기차로 환승했다.

도심의 윈야드 역에서 내려 10여 분 걸어 거리 관광을 하며 서큘러 키 역 쪽으로 갔다. 이곳에서 시드니의 상징물인 하버 브리지와 오페라 하우스의 아름다운 파노라마 전경을 즐기면서 가족 모두 추억을 만들었다.

점심은 서큘러 키 역 건너편의 건물에서 맛있다는 수제 버거로 해결했다. 그런 후 빨간색 익스플로러 버스를 타고 시티투어를 하기로 했다.

시드니의 빨간색 익스플로러 버스를 타고 시티투어를 하기로 했다.

시티투어버스 내부. 8개국 언어로 안내하는 설명을 들으며 관광할 수 있다.

시티투어는 2시간여의 짧은 시간에 시드니 시내의 명소들을 두루 거친다. 동시에 8개국 언어로 설명해주는 멘트를 들으며 관광할 수 있다. 그리고 시티투어 당일 중 언제든 정류장 어디서나 타고 내리는 것이 가능하다.

가족들은 고온의 날씨에 시티투어를 하고 Q.V.B.라고 하는 퀸 빅토리아 빌딩Queen Victoria Building 앞에서 내렸다. Q.V.B.는 붉은 화강암으로 지어진 건물이다. 옆의 타운 홀 건물과 함께 명소로 자리를 잡고 있는 곳으로, 지금은 백화점으로 운영되고 있다. Q.V.B. 내의 명물인 내부

지금은 백화점으로 운영되는 퀸 빅토리아 빌딩.

동서 양쪽 천정에 매달린 명물 시계와 초창기 엘리베이터 등 고풍스러운 내부를 재미있게 감상하였다.

Q.V.B. 옆의 타운홀 빌딩 등을 감상한 후 걸어서 달링하버로 향했다. 차이나타운을 거쳐 달링하버의 놀이터에서 손주들이 마음껏 물놀이하며 뛰노는 모습을 흐뭇하게 지켜보며 즐거운 시간을 보냈다. 저녁 7시에 하버사이드 상가 2층 일식집 소렌조에 예약을 해놓아 시간에 맞추어 들어갔다.

오늘 저녁은 큰아들네가 3대 3가족 아홉 명 모두가 모인 것을 기념하여 한턱 쏘기로 했다. 오랜만에 이국땅 호주 시드니에서 나의 직계가족 아홉 명이 모두 모여 감격 어린 만찬자리를 갖게 되었다. 음식은

달링하버의 놀이터에선 손주들이 마음껏 뛰어놀 수 있었다.

광주리 해산물 요리. 두 명이 들고 와야 할 정도로 큰 특별 만찬이었다.

특별한 만찬인 만큼 예약하면서 특별 주문한 요리이다. 다양한 종류의 해산물을 요리해 광주리 같은 그릇에 담아 2인이 함께 들여오는 순간, 모두가 "와" 하며 탄성을 질렀다.

즐거운 만찬을 끝내고 걸어서 타운홀 역에 가기로 했다. 피어몬트 브리지Pyrmont Bridge 위에서 시원한 바닷바람을 맞으며 식구들 모두가 즐겁게 아름다운 달링하버의 야경을 배경으로 인증샷을 찍으면서 걸었다. 타운홀 근처에 오니 시시각각 색이 변하는 타운홀이 너무나 아름다워 타운홀을 배경으로 하여 아름다운 사진을 찍으며 즐거운 시간을 가졌다.

타운홀 역에서 에핑행 T1 기차를 타고 집 근처의 로즈 역에서 내려 집으로 왔다.

집에서는 세 가족 모두가 둘러앉아 간단하게 가족파티를 한 후, 큰아들네는 작은아들의 안내를 받으며 숙소로 떠났다.

어두워진 뒤의 타운홀은 시시각각 색이 바뀌는 조명으로 너무나 아름다운 모습을 자랑한다.

02
3대 가족이 본다이 비치로

어제 3대 3가족 상봉의 기쁨을 맛본 후 시드니 시내 관광을 하며 시드니 여행을 시작했었다. 오늘은 3대 3가족 아홉 명이 시드니의 유명 해수욕장인 본다이 비치에 다녀오기로 했다.

시드니 지역의 주요 교통수단의 하나인 페리를 타고 달링하버에 도착해서 버스를 타고 가기로 하고 집을 나섰다. 가족 모두가 만나기로 한 곳은 시드니 올림픽 파크 선착장이다. 큰아들네를 제외한 식구들은 작은아들의 차를 타고 선착장에 갔고, 큰아들네는 작은아들이 숙소에서 픽업을 해왔다.

선착장에서 만난 아홉 명의 가족은 페리를 타고 선상 관광을 하며 40여 분 동안 시드니 만의 아름다운 풍광을 즐겼다. 달링하버에서 이른 점심을 먹고 출발하기로 했다. 큰아들네가 머물고 있는 숙소가 올림픽 파크 근처의 외진 곳에 위치해 있어 식구 모두가 아침을 못 먹었기 때문이었다.

달링하버 하버사이드 쇼핑센터
앞. 오른쪽에 우리가 가던 일식집
이 보인다.

선착장이 있는 곳에서부터 항구를 끼고 돌아 하버 사이드Harbour Side
상가의 1층에 있는 푸드 코트로 갔다. 이곳에서 각자의 음식을 주문해
먹었다. 이렇게 점심을 해결한 후 피어몬트 브리지를 건너서 시내 관
광을 하며 걸었다.

본다이 비치로 가는 버스를 탈 수 있는 타운홀 근처의 버스 정류장
까지 걸었다. 정류장에는 이미 많은 사람들로 붐비고 있었다. 본다이
비치행 버스를 타면서 보니 대다수가 본다이 비치로 가는 사람들이었
다. 버스 안은 본다이 비치로 가는 승객들로 만원이다.

본다이 비치는 시드니에서 가장 가까우면서도 남태평양을 직접 마
주하는 해변이다. 본다이 비치는 한국으로 말하면, 해안도시 부산의
시내에서 얼마 떨어져 있지 않은 해운대 해수욕장 같은 곳이다.

본다이 비치에 도착해 해변으로 들어섰다. 본다이 비치의 한가운데
에는 1920년대에 지어졌다고 하는 역사적인 건물인 본다이 파빌리온
Bondi Pavilion이 위치하고 있다. 이 건물은 본다이 비치 지역주민들을 위한
문화센터의 역할을 담당한단다.

오늘 와서 본 본다이 비치는 바닷바람이 엄청 세고 해변의 넓이가 매우 넓다. 일단 아이들이 바다에 쉽게 드나들며 즐길 수 있는 곳까지 접근하기로 했다. 강한 햇볕을 차단하고 바람도 막을 수 있도록 가져간 삼각텐트를 백사장에 펼쳤다. 이 텐트를 베이스캠프 삼아 가족들이 편하게 해수욕을 즐기도록 하기 위해서다.

많은 이들이 짙푸른 남태평양의 바다에서 몰려오는 파도조각에 몸을 던지며 윈드서핑을 즐기고 있다. 이곳은 서핑을 즐기는 사람들이 많이 찾는 명소다. 남태평양의 바람을 타고 몰려오는 파도가 세서 서핑을 타기에 좋기 때문이다.

또, 많은 이들이 해수욕을 즐기거나 백사장에 길게 누워 선탠을 즐기기도 하고, 독서를 하면서 시간을 보내기도 한다. 해변의 바위를 다듬어 만들어 놓은 바다 수영장에서 수영을 즐긴다. 어떤 이들은 해안선을 따라 트레킹을 하며 해안의 경치를 만끽하고 있다.

나와 아내는 베이스캠프인 텐트 안에 앉아 바깥을 주시하고 있었

본다이 비치의 넓은 백사장에서 손주들의 노는 모습에 미소가 절로 떠오른다.

다. 즐겁게 시간 가는 줄 모르고 바다에서 물놀이를 하거나 해변에서 모래성을 만들며 즐거워하는 가족을 바라보는 것이다. 가족의 이런 모습을 보고 싶어 했던 사람이 바로 나와 아내였다. 가족들이 놀다 오면 간식을 챙겨주며 흐뭇한 마음에 미소 짓는다. 이런 모습이 얼마 만에 보는 모습인가?

그저 가족들이 함께하는 시간을 보내고 있음에 집안의 가장으로서 행복하다는 생각을 갖게 되는데, 나만의 생각일까? 옆에 앉아 있는 아내를 보며 물으니, 자기도 그렇단다.

이런 다양한 본다이 비치 모습과 가족의 즐기는 모습을 눈과 카메라에 담아내며 즐거운 시간을 보냈다. 본다이 비치에서 해안선을 따라 조성된 트레킹 코스를 왕복 1시간 정도 걷다가 주변 상가로 향했다. 즐겁게 놀면서 놀이에 지친 가족들에게 간식을 챙겨와야겠다는 생각이 들어서다. 비치 건너에 있는 하버사이드 쇼핑센터의 슈퍼에서 각종 과일과 음료 등 먹거리를 사왔다.

간식을 먹고 저녁때가 다 되어 본다이 비치를 빠져나오기로 하고, 밴 택시Van Taxi를 이용하기로 했다. 지쳐있는 가족의 상태를 고려해 대중교통보다는 밴 택시로 움직이는 것이 좋겠다고 해서다.

밴 택시는 한국인이 운영하는 것으로, 원하는 시간, 약속된 장소에 도착을 해서 집까지 편안하게 데려다 주었다.

집으로 돌아온 가족들은 저녁파티를 하며 즐거운 저녁시간을 이어갔다. 늦은 밤, 작은아들은 큰아들네 식구들을 숙소에 데려다주고 왔다.

03
큰아들 가족과 블루마운틴으로

큰아들 가족의 시드니 도착 3일째인 오늘, 시드니 관광의 명소인 블루마운틴Blue Mountains을 기차로 다녀오기로 했다.

 몇 주 전에 기차를 타고 아내와 함께 블루마운틴을 다녀온 경험이 있다. 그런 터라 이번 여행에는 내가 가이드를 하여 큰아들네와 함께 기차를 타고 다녀오기로 했다. 작은아들네 식구들은 집에 있으면서 저녁때 가족 모두를 위한 BBQ 야외 파티를 준비하기로 했다.
 아침 8시경 작은아들 집에서 출발하기로 했다. 7시 30분경 작은아들이 차로 큰아들네 식구들을 숙소에서 픽업해왔다. 아침식사를 마치고 집 근처의 로즈 역에서 T1 기차를 타고 출발했다.

 출발하기 전부터 시드니 지역의 날씨가 맑지 않았다. 현지 기상 상황을 확인해 보니, 블루마운틴 지역도 안개가 잔뜩 끼어 있다고 한다. 작은며느리는 몇 년 전에 다녀온 친정 식구들하고의 블루마운틴 관광을 떠올리며, 안개가 짙게 깔려있어 안개만 보고 왔다며 오늘 일정에 대해 걱정을 한다. 얼마 전 한국에서 휴가를 맞아 작은아들을 만나러 시드니에 왔던 친구도 투어버스로 블루마운틴 지역을 다녀왔는데 안개 때문에 제대로 관광하지 못하고 왔단다. 이런 상황을 접한 우리는 기상이 안 좋아 안개 속에서 블루마운틴을 둘러보게 되는 것은 아닐까? 하는 우려가 있는 것이다.

이런 상황에서 아내가 먼저 나서서 상황을 종료시키는 이야기를 했다.

"이왕 출발하기로 한 거니, 걱정 말고 가자. 우리가 블루마운틴에 도착하면 산을 덮었던 안개도 걷혀 우리가 블루마운틴의 아름다운 모습을 즐기는 데 전혀 지장이 없을 거다."

아내는 이렇게 긍정적으로 말하며 우리 모두를 안심시킨다. 내심 그렇게 되기를 기대하면서 편한 마음으로 집을 나섰다.

집 근처의 로즈 역에서 시티 서클 트레인인 센트럴 역행 T1 기차를 타고 네 정거장을 달려가 스트라스필드 역에서 환승을 하려고 내렸다. 안내 스크린을 통해 인터 시티 트레인인 블루마운틴 라인Blue Mountains Line기차의 플랫폼을 확인했다. 센트럴 역을 출발해 블루마운틴의 카툼바 역으로 가는 기차에 올랐다.

기차의 차창 밖으로 펼쳐지는 풍광을 두루 감상하며 1시간 40분 만에 목적지인 카툼바 역에 도착했다. 역을 빠져나와 역 앞의 관광 안내소에서 익스플로러 버스 탑승과 시닉 월드 입장권을 포함하는 패키지 프로그램 티켓을 구입하고 길 건너에서 빨간색 익스플로러 투어버스를 탔다.

익스플로러 2층 투어버스는 하루 종일 횟수에 제한 없이 버스 정류소에서 타고 내릴 수 있다. 버스투어를 시작한 지 얼마 안 되어 주변의 안개가 걷히면서 바깥의 시야가 트이기 시작했다. 정말 다행이었다. 우리는 아내의 말대로 되었다고 안도하면서 즐거워했다.

먼저, 투어버스로 도착한 곳은 시닉월드Scenic World였다. 짧은 시간에 걸쳐 블루마운틴을 효율적으로 둘러볼 수 있는 곳이 바로 이곳이기 때문이다. 이곳에 오면 열차나 케이블카를 이용해 블루마운틴을 쾌적한 조건으로 즐길 수 있는 것이다.

이곳에서 레일웨이Rail Way를 먼저 타기로 했다. 레일웨이를 탈 수 있는 계단식으로 된 대기 장소에서 사람들이 열차인 트롯코 탑승을 기다리고 있다. 젊은 직원이 나타나더니 기다리는 이들을 위해 이벤트를 한다. 꼬마 손님들에게 다가오더니 풍선 아트를 선보인다. 우리 앞에 와서도 풍선을 꺼내더니 손녀에게는 캥거루를, 손자에게는 검정색 긴 칼을 풍선으로 만들어준다. 기다리는 시간을 즐거운 시간으로 만들어주는 그들의 노력에 미소가 떠올랐다.

레일웨이를 타면 52도의 급경사를 310m나 내려가는 짜릿한 경험을 몇 분 동안 할 수 있는 거다. 레일웨이

트롯코를 기다리며. 레일웨이에서는 트롯코라는 열차를 타고 블루마운틴을 쾌적하게 즐길 수 있다.

를 타고 내려가 탄광시설의 각종
흔적을 더듬었다.

워크웨이를 지나며 찍은 가족

그런 다음, 숲 속 길을 걷는 워
크웨이Walk Way를 1시간여 즐겼다.
원시림의 숲 속을 걸으며 쉬며 먹
으며 보내는 그 맛도 꽤나 괜찮았
다. 이 워크웨이를 즐기고 올라오
는 길은 케이블웨이Cable Way를 이용
하기로 했다. 케이블카를 급경사의 제니슨 협곡에 설치해놓아 545m
의 길이에 걸쳐 오르면서 눈앞에 탁 트인 블루마운틴의 풍광을 감상
하는 것이 독특하여 재밌게 즐길 수 있었다.

시닉월드의 플랫폼으로 올라온 가족은 휴식을 취했다. 이어서 깊은
계곡 속의 양쪽 봉우리 사이에 케이블카를 설치해 이쪽 봉우리에서
저쪽 건너편 봉우리를 다녀올 수 있는 스카이웨이Sky Way를 즐기기로 했
다. 스카이웨이는 호주에서 가장 높은 구간을 가로질러 설치된 케이
블카라고 한다. 제미슨 협곡 270m 상공에서 10여 분에 걸쳐 720m 길
이의 협곡을 지나가게 된다. 스카이웨이를 타고 유리바닥을 통해 계
곡 밑을 내려다보는 아찔함도 경험할 수 있는가 하면, 멀리 블루마운
틴의 스카이라인을 감상하는 즐거움도 있다.

스카이웨이를 타고 건너편 봉우리에 도착한 후 되돌아 케이블카를
탈 수도 있다. 하지만 지난번 이곳에 왔던 경험을 큰아들네 식구들에
게 말해주며 세자매봉The Three Sisters 쪽의 트레킹 코스로 걷자고 해서 걸

블루마운틴 트레킹코스

블루마운틴의 들꽃

었다. 40여 분 동안 트레킹 코스를 걸으며 블루마운틴의 진면목을 눈에 담을 수 있었다.

에코 포인트Eco Point에서 블루마운틴의 상징과도 같은 명물인 세자매봉The Three Sisters 등 블루마운틴의 진수를 맛보면서 이곳저곳의 모습을 눈으로 보며 렌즈로 찍어 마음에 담았다. 지난번에 아내와 함께 왔을 때는 고온으로 인해 꽤나 지친 모습으로 이곳의 풍광을 보았다. 그러나 오늘은 구름이 싹 걷힌 상태에서 쾌적한 가운데 이곳의 아름다운 풍광을 즐길 수 있어 더욱 좋았다.

블루마운틴은 나무의 수액이 햇볕에 반사되어 온 산이 푸르게 보인다.

웅장한 블루마운틴은 전체가 호주의 주된 수종인 유칼립투스 원시림으로 덮여 있단다. 이 나무의 분비된 수액이 강한 햇빛에 반사되어 주위의 대기가 푸르러 보여 이곳 산의 명칭이 블루마운틴이 되었다는데, 오늘은 쾌적하게 푸르른 산의 모습을 보면서 푸른 산이라는 이름값을 확인할 수 있었다.

아쉬움을 뒤로하고 근처의 벤치에 앉아 쉬고서 익스플로러 버스 정류장으로 향했다. 도착하는 투어버스에 타고 가이드 겸 운전자의 해설과 함께 차창 밖으로 펼쳐지는 블루마운틴의 다양한 모습들을 관광했다.

1시간 정도의 시간을 버스에 앉아 차창을 통해 관광을 하고 난 후, 아침에 투어버스를 탔던 카툼바 역 앞에서 내렸다.

근처의 식당에서 늦은 점심을 주문해 음식점에서 먹으려 하다가 일단 음식을 들고 카툼바 역으로 가기로 했다. 역에서 시드니행 기차를 기다리며 벤치에 앉아 음식을 먹고 있는데 맑았던 하늘이 안개로 뒤덮인다. 날씨가 별안간 스산해진다. '하늘이 오늘 우리가족의 블루마운틴 관광을 도왔구나' 하는 생각이 나만의 생각은 아니었을 테다.

그런 생각을 하며 시드니행 기차에 올랐다. 인터 시티 트레인inter city train을 타고 오는 동안 내내 안개가 산하를 뒤덮고 있어 바깥풍광을 즐길 수가 없고, 비도 간간이 내리고 있었다.

원래 계획대로라면 집 근처 로즈 역에서 멀지 않은 곳에 있는 메모리얼 파크Memorial Park의 아름다운 수변 공원에서 BBQ 파티를 하기로 되어 있었으나, 그럴 수 없어 보였다. 집에서 야외파티를 준비하고 있던 작은아들이 전화를 했다. 비가 간간히 내리고 있으니 야외 BBQ 파티는 포기하고, 대신 집에서 3가족 파티를 하잔다.

기차를 1시간 40여 분 타고 온 후, 시티 서클 트레인city circle train인 에핑행 T1 기차로 갈아타기 위해 스트라스필드 역에서 내렸다. 이곳에서 에핑행 T1 기차로 갈아타고 집 근처의 로즈 역에서 내려 집으로 왔다.

집에서 세 가족이 모두 모여 즐거운 BBQ 파티를 하며 오늘 블루마운틴 여행에 얽힌 이야기를 소재로 시드니 도착 3일째 되는 날의 이야기꽃을 피웠다. 다음 날 골드 코스트로 떠나야 하므로, 이곳에서 모두 함께 자기로 했다.

04
3대 가족이 골드 코스트로

큰아들 가족의 시드니 도착 3일째인 어제 블루 마운틴을 다녀오는 것으로 시드니 관광을 끝내고, 오늘은 3대 3가족이 골드 코스트^{Gold Coast}로 여행을 떠나기로 했다.

새벽부터 준비를 서둘렀다. 5시 40분에 미리 예약해 두었던 밴 택시를 타고 집을 출발하였다. 40여 분 만에 시드니공항 국내선 청사에 도착하였다. 비행기에 실을 짐을 부치고 탑승 수속을 위해 줄을 서서 기다리는데, 갑자기 탑승할 T 비행기 편이 운행취소 되었단다.

황당한 가운데 이유도 모른 채 기다리고 있는데 아무런 멘트도 없다. T 항공사 직원은 불친절하게 "문자 메시지가 갈 테니 기다리세요"라고 말하고 만다. 얼마 후 문자가 도착했는데, 그 내용은 '비행기 운행상 에러로 인해 저녁 6시 10분에 이륙한다'였다.

내가 탈 비행기 편이 운행 취소되면 다음 비행기 편으로 탈 수 없다는 것이다. 이미 한국에서 비행기 편 운항취소로 인해 어려움을 겪었던 경험이 있는 나로서는 난감할 수밖에 없었다.

일단 부쳤던 짐을 되찾았다. 가족들이 의견을 모은 결과, 큰아들네 가족 네 명은 다른 항공편으로, 작은아들네 3명과 나와 아내 등 나머지 5명은 T 항공으로 저녁때 예약을 해 떠나기로 했다.[1] 그리고 찾은 짐은 공항의 물품보관소에 맡겨두었다.

저녁때까지 남은 시간을 활용하고자 달링하버 근처로 가기로 했다. 며칠 전 멜번에서 시드니로 와 공항에서 도매스틱 에어포트 역을 이용할 때 AUD $16을 지불했던 경험이 있었다. 그래서 확인한 결과, 공항과 관련된 국내선 역인 도매스틱 에어포트Domestic Airport 역이나 국제선 역인 인터내셔널 에어포트International Airport 역에서 T2 기차를 탈 경우 요금이 비싸다는 것을 알았다.

오늘은 비싼 요금 지불을 피하기로 했다. 일단 버스로 공항을 빠져나가 한 정거장을 지난 마스코트Mascot 역에서 달링하버 쪽으로 향하는 T2 기차를 타고 윈야드 역에서 내려 달링하버 쪽으로 걸어갔다. 우선 달링하버에 있는 시라이프Sealife의 아쿠아리움 관람을 하기로 했다. 남

<hr>

[1] 호주국내선 항공
날짜별, 시간대별로 비교해서 예약하면 저렴하다. 단, 저가 항공사는 결항이나 딜레이가 많은 편이다.
타이거 항공 : www.tigerair.com.au
젯스타 : www.jetstar.com
버진 오스트레일리아 : www.virginaustralia.com
콴타스 : www.qantas.com.au

달링하버의 SEA LIFE 아쿠아리움은 해저터널을 거닐며, 가족 모두가 즐길 수 있다.

펭귄 체험관에서는 보트를 타고 펭귄의 생활을 체험할 수 있다.

녀노소 모든 가족이 즐겁게 관람을 하면서 시드니에서의 추억을 보너스로 만들고자 했다.

여러 곳의 아쿠아리움을 다녀 보았던 경험상 각지의 아쿠아리움을 대표하는 상징적 동물이 있게 마련이다. 이곳 아쿠아리움에는 듀공 Dugong이 대표선수였다. 듀공은 물개과의 동물로서 하루에 상추lectus를 10kg이나 먹어 치운단다. 또 하나, 보트를 타고 펭귄의 생활을 체험하

기념사진을 찍어주는 곳에서는 배경에 아쿠아리움의 상징인 듀공을 합성해 준다.

는 펭귄 체험관이 새롭게 만들어져 있어 길게 늘어선 줄을 따라 기다렸다가 보트를 타고 이동하면서 남극에서처럼 펭귄을 감상했다. 다른 아쿠아리움과 차별화된 볼거리였다.

이곳에서 기념사진을 찍어주는 곳이 있어 가족사진을 찍었다. 관람이 끝나갈 즈음, 사진을 찾았는데 마음에 들었다. 이 사진의 원본을 다운받아 이번 가족여행 중 만들고 싶었던 '오래 간직할 거실의 가족사진'으로 만들어야겠다는 생각을 했다.

달링하버에 있는 시라이프Sealife의 아쿠아리움 관람을 마친 후 주변에 있는 맛집을 찾아 나섰다. 옥호가 '단지'라는 한식집이었는데, 다양한 한식요리를 주문해 맛있게 먹었다. 가격은 다른 음식점보다 비쌌다. 다행히도 여행자 보험을 들어놓고 왔기 때문에 오늘 비행기 편이 5시간 이상 지연delay되어 보상을 받을 수 있단다. 불행 중 다행이라고 생각하

가격은 다른 한식당에 비해 비싸지만 맛은 일품인 'Danjee'한식당

고 음식을 먹으며 즐거운 시간을 가졌다. 먹고 나니 다운되었던 몸이 추슬러지는 것 같았다.

늦은 점심을 먹은 후 찾아간 곳은 하이드 파크이다. 공원에서 우리 부부는 휴식시간을 갖고, 나머지 식구들은 이곳저곳 다니면서 구경도 하고 기념품점에서 기념품도 사곤 했다. 아내는 그동안 장기간에 걸친 피로 누적으로 조금 전 '단지' 식당에서 코피를 흘렸다. 몸의 컨디션이 안 좋다는 것이 눈으로 보이기 시작했다. 나도 피로가 비켜가진 않았는지, 피곤함이 몰려온다. 그래서 공원 벤치에 앉아 장기간의 여행 강행군으로 피로가 누적된 것 같으니 서로 조심하자고 하면서 골드 코스트 관광을 앞두고 휴식을 취했다.

공원 근처의 박물관 역에서 공항행 T2 기차를 타고 탑승시간에 맞추어 공항으로 향했다. 아침에서처럼 공항 한 정거장 전 역인 마스코트Mascot역에서 내려 버스를 타고 국내선 대합실로 왔다. 큰아들네 가족은 다른 가족들보다 30분 먼저 출발하는 J 항공편으로 무사히 수속을 마치고 탑승했다.

작은아들네와 우리 부부는 탑승수속을 끝내고 탑승구에서 기다리고 있는데 T 항공기 탑승이 지연되었다고 안내방송을 한다. 얼마의 시간을 참고 기다리고 있다가 30분 정도 늦게 탑승하여 목적지인 골드 코스트에 도착할 수 있었다.

골드 코스트 공항에 도착하니 이미 도착해 있던 큰아들네 가족과 밴 택시를 몰고 온 기사가 늦게 도착한 가족들을 기다리고 있었다. Van Taxi를 타고 30여 분 걸려 골드 코스트의 사우스 포트South Port지역에 있는 아파트형 숙소에 도착해 짐을 풀었다. 아파트 38층에 있는 숙소에서 거실 문을 여니, 말로만 듣던 골드 코스트 해안이 눈앞에 펼쳐진다. 골드 코스트가 계획도시구나 하는 생각이 들면서 내일 관광이 궁금해졌다.

늦은 저녁, 낮에 코피를 흘리며 피곤한 빛이 역력하던 아내를 쉬게 하고, 두 며느리가 주변 마켓에서 구입한 재료로 저녁 준비를 해서 먹고 골드 코스트의 첫날을 마무리했다.

05
골드 코스트 무비월드 체험

오늘은 이곳에서 1시간 정도 떨어져 있는 테마파크[2]인 '무비월드Movie World'를 체험하기로 했다.

   골드 코스트에서 첫날 밤을 보낸 후 아침 일찍 일어나 늘 하던 대로 숙소 주변의 공원을 산책했다. 해변을 따라 공원이 만들어져 있다. 해변을 따라 조성된 길옆으로 황금빛 모래사장이 끝없이 이어지고 있다. 중간에는 골드 코스트의 역사를 보여주는 조형물이 있다. 골드 코스트라는 도시가 인공으로 만들어진 계획도시임을 알 수 있었다. 이

....

2 골드코스트 주요 테마파크
   하루에 하나의 테마파크를 선택하여야 여유가 있다. 온라인 티켓할인 정보를 활용하면 저렴하게 티켓을 구입할 수 있다.
   씨월드 : http://seaworld.com.au/
   무비월드 : http://movieworld.com.au/
   웨트앤와일드 : http://wetnwild.com.au/
   파라다이스컨트리 : https://paradisecountry.com.au/

골드 코스트 숙소 근처의 공원은 산책하기에 좋다.

골드 코스트의 역사를 보여주는 안내문

렇게 1시간 정도 해변 산책을 즐기며
골드 코스트의 맛을 잠깐이나마 느낄
수 있었다.

골드 코스트 조형물

숙소로 돌아와 세 가족 아홉 명이 둘
러앉아 골드 코스트 해변을 바라보며
빵으로 아침식사를 하고 서둘러 무비
월드를 체험하러 나갈 채비를 했다. 미
국 할리우드의 유니버설 스튜디오처럼
미국의 영화사인 워너 브라더스Warner

미국에는 유니버설 스튜디오가 있고, 호주에는 워너 브라더스의 무비월드가 있다.

Brothers가 남반구에 재현한 할리우드가 바로 골드 코스트의 무비월드란다.

아홉 명의 식구가 골드 코스트에 머무르는 2일간 대중교통을 이용하기로 했다. 편하게 전차나 버스를 이용하기 위해 2일 동안 무제한으로 버스나 전차를 타고 내릴 수 있는 교통카드를 구입했다. 숙소 근처에서 트램 전차를 타고 길게 호수를 가로질러 건설된 다리를 지나 한 정거장을 가서 내렸다. 전차에서 내려 10여 분 걸어 무비월드 셔틀버스 승차장으로 갔다. 셔틀버스를 타고 30여 분을 외곽으로 달려 워너 브라더스의 무비월드에 도착했다.

아침 일찍부터 서둘러 도착해서인지 테마공원이 인파로 붐비지는 않았다. 입장권은 우리나라의 에버랜드처럼 일일 자유이용권을 구입하면 테마공원 내 시설과 공연을 자유롭게 드나들며 즐길 수 있었다. 기대에 부풀어 설레며 테마공원 내로 들어서자 기대에 부응하듯 온통 영화 속 풍경이다. 워너 브라더스 영화사가 남반구에 실현한 할리우드라는 말이 실감났다.

입장하자마자 제일 먼저 달려간 곳은 스턴트 드라이버의 고속카 체이스car chase 쇼가 진행되는 곳이다. 공연시간이 정해져 있으므로, 그 시간에 맞추어 입장한 뒤 앉아서 기다렸다.

공연이 시작되기를 기다리는 동안 카메라가 관객석을 비추며 관람객들의 사진을 찍어 대형스크린으로 보여주면서 지루하지 않게 만들어주었다. 공연 시작 전부터 관람객과 주최자가 하나가 되는 공감대를 이끌어 내려고 하는 것에 강한 인상을 받았다.

공연이 시작되자 치밀한 각본에 따라 위험한 장면들이 실수 없이 진행된다. 시간 가는 줄 모르게 관객을 긴장 속으로 몰아넣으며 진행되는 공연에 모두가 스릴을 느끼며 즐겼다.

가족 모두 이런 저런 다양한 체험을 하면서 즐거운 시간을 가졌다. 오후에는 슈퍼맨, 배트맨 등 인기 영화에 출연했던 캐릭터로 분장한 사람들이 출연하는 퍼레이드행사를 관람했다. 우리가 영화에서 보았던 캐릭터들이 영화 속의 모습 그대로 튀어나온 듯 분장하고 연기하는 행사를 보여주면서 우리 모두를 즐겁게 만들었다. 이렇게 3대 아홉 명 가족은 세대를 초월해 다채로운 놀이시설과 공연 등을 감상하면서 즐거운 시간을 함께했다.

퍼레이드를 보는 것을 끝으로 무비월드를 빠져나왔다. 무비월드에서 나오자마자 버스를 타려

워너브라더스 영화에 출연한 캐릭터들이 퍼레이드를 펼치는 모습을 보면 마치 캐릭터가 영화에서 그대로 튀어나온 듯한 착각마저 든다.

고 버스 승차장으로 갔다. 버스를 기다리는 사람들의 줄이 길게 늘어져 있었다. 만원인 버스였지만, 30여 분만 서서 가면 된다는 생각으로 버스에 탔다. 얼마 가지 않아 서있던 손주들이 버스 바닥에 털썩 주저앉아 졸기 시작한다. 아마도 피곤했던 모양이다. 그런 상황을 보고도 앞의 젊은 승객은 자리를 양보하지 않는다. 아이들이 피곤해서 버스 바닥에서 조는 모습을 보고도 양보해줄 배려조차 남지 않은 것일까. 안타깝기 짝이 없었다. 불쾌한 감정을 억누르면서 버스를 내렸다.

버스에서 내린 가족은 트램 전차를 타고 골드 코스트의 중심가에 있는 스카이포인트Skypoint라는 전망대로 향했다. 스카이 포인트 전망대는 78층에 있다. 230m 상공의 전망대에서 바라본 골드 코스트의 한없이 길게 펼쳐진 하얀 해변과 푸른 바다의 모습, 계획된 도시의 아름다운 모습은 한 폭의 그림을 보는 것 같았다. 감탄사가 절로 나왔다. 전망대에서 유리벽에 의지해 골드 코스트를 배경으로 하여 그림 같은 사진을 찍으며 추억을 만들고자 했다.

이곳에서 보는 배경은 그림을 보는 듯하다.

스카이 포인트 전망대에서 바라본 골드 코스트의 모습

전망대에서 내려와 스카이포인트 전망대 입구에서 아홉 명의 모습을 담아 찍고 들어갔던 사진을 구입하여 간직했다.

저녁은 주변의 일식집을 찾아 즐기기로 하고 예약을 하고 찾아갔다. 자리에 앉아 음식과 함께 맥주를 주문했으나 음식점임에도 주류를 판매하지 않는단다. 왜 그런지를 아들에게 물어보니, 이 음식점은 음식점 영업 허가만 받은 집이지, 주류 판매 허가는 받지 않아서 그렇단다. 음식점에서 주류를 팔기 위해서는 음식점 영업 허가와 함께 주류 판매 허가도 동시에 받아야 한다는 것이다.

저녁을 먹고 트램을 타고 숙소로 돌아왔다. 숙소로 올라가는 길에 아파트 단지 내에 수영장시설이 있다는 것을 알게 되었다. 가족들은 아파트 단지 내에 있는 수영장에서 늦게까지 수영을 즐기고 하루 일정을 끝냈다.

골드 코스트부터 북쪽으로 퀸즐랜드 주가 시작된다.

06
골드 코스트 3일차 관광

골드 코스트에서의 여행 3일 차이다. 오늘 여행을 끝내면 저녁때 큰아들네 식구들은 브리즈번에서 귀국 비행기를 타고 호주를 떠난다.

아침을 숙소에서 먹은 후 수륙양용 버스[3]를 타고 골드 코스트를 관광하는 꽉 덕Quack'R Duck 프로그램 체험을 하기로 했다. 예약된 시간에 맞추어 숙소를 출발하였다. 숙소 근처의 트램 정류장에서 도심으로 향하는 전차를 타고 어제 저녁때 갔던 스카이포인트 전망대 부근 역에서 내렸다.

이곳에서 걸어가기에 멀지 않은 곳에 있는 꽉 덕Quack'R Duck 티켓 매표

---

3 수륙양용버스
두 개 업체 중 출발 장소가 가깝고 시간에 맞는 하나를 예약하면 된다.
http://www.quackrduck.net.au/
http://www.aquaduck.com.au/

수륙양용차인 꽉 덕의 모습

소에서 티켓을 받아 수륙양용 버스에 올랐다. 여기서 받은 안내도를 보니 꽉 덕의 운행 노선을 한눈에 볼 수 있었다. 이 수륙양용 버스는 에스플러네이드 해안을 따라 육지 도로를 시속 10km 정도의 속도로 천천히 달리다가 크루즈 배로 변신해 호수 속으로 풍덩 들어간다.

물속에서 크루즈 배는 오리처럼 헤엄치며 관광객들에게 즐거움을 선사한다. 호수 속의 크루즈 배에 앉아 시원한 바닷바람을 맞으며 주

수륙양용차는 호수에서 크루즈로 변신한다.

골드 코스트의 잘 정돈된 해변의 모습

변 풍광을 보는 즐거움이 색달랐다. 30여 분을 호수 속에서 헤엄친 크루즈 배는 다시 육지로 올라오면서 버스로 변신한다. 버스는 육지도로를 천천히 달려 매표소로 되돌아온다. 가족 모두에게 즐거움을 안겨주는 재미있는 체험 프로그램이었다.

수륙양용버스를 타고 관광을 마친 후 가족 모두는 멀지 않은 곳에 있는 서퍼스 파라다이스Surfer's Paradise 해변으로 이동했다. 골드 코스트에서 가장 유명한 해변이라고 하는 서퍼스 파라다이스 해변은 황금빛 해변이라는 명성답게 많은 인파로 붐빈다.

해변 언덕에 베이스캠프를 치고 두 아들네 가족과 아내는 태양에 반짝이는 모래사장과 따뜻하고 맑은 파도 속에서 수영과 파도를 즐기며 골드 코스트의 추억을 만들었다. 나는 피로가 누적되었는지 몸이 무겁게 느껴져, 베이스캠프를 지키며 휴식을 취했다. 어느 정도 서퍼스 파라다이스 해변에서 시간을 보낸 후 숙소 앞의 공원으로 이동하기로 했다.

식구들은 해변에서 걸어서 트램을 탈 수 있는 정류장까지 이동하려 했다. 큰아들은 손자 정하를, 작은아들은 손녀 정윤이를 어깨 위에 태우고 앞서 걸어간다. 이국땅 호주의 골드 코스트에서 가족이 함께 걷고 있는 모습을 보니 내심 흐뭇한 감정을 주체할 수가 없었다.

이렇게 걸어서 트램 정류장에 도착한 뒤, 트램을 타고 도착한 곳은 집 근처의 해변 공원이다. 공원 내의 해변을 따라 많은 놀이시설이 만들어진 것을 아침 산책을 하면서 보았고, 이곳에서 한나절 즐기면 좋겠다는 생각을 했다. 아이들과 가족 모두는 공원에 도착해 호수 내 수영장에서 수영하고 슬라이드를 타면서 마음껏 놀았다. 놀이기구를 타며 신나게 놀기도 했다.

가족이 공원에서 각종 놀이기구를 타며 즐기는 동안 나와 아내는 쉬면서 컨디션 조절을 하고자 했다. 계속된 강행군으로 쌓인 피로를 풀어야겠다는 생각이었다. 숙소에 들어와 한숨 자니 어느 정도 컨디션이 회복되는 것이 느껴졌다.

공원에서 놀다가 아파트 숙소에 온 식구들은 뭔가 아쉬운지, 또 아파트 단지 내의 수영장에서 수영하면서 BBQ 파티를 하잔다. 그러자고 하고 수영장으로 가서 수영과 BBQ 파티를 하면서 호주에서의 세 가족 여행의 마지막 날을 아쉬워했다. 저녁을 먹고 나면 큰아들네 식구들은 브리즈번으로 가서 호주를 떠나는 비행기를 타기로 했기 때문이다.

큰아들네가 호주 맬번에 도착하면서 시작된 10일간의 가족여행을 사고 없이 무사히 끝낼 수 있었음에 '모두에게 감사한다'는 생각을 하면서 큰아들네와 아쉬운 작별을 했다. 큰아들네 식구는 작은아들이 오후에 렌트한 렌터카를 이용해 1시간 정도 걸리는 브리즈번 공항까지 데려다주고 왔다.

작은아들이 피곤한 가운데 밤길을 달려 브리즈번 공항까지 갔다 오는 동안 며느리와 함께 무사히 다녀오기를 빌며 거실에서 담소를 나누면서 기다렸다.

그런 가운데 아파트 주변이 시끌벅적해졌다. 문을 열고 보니 무슨 축제가 벌어지고 있다. 축제가 궁금해 아내와 함께 그곳으로 가 보니 차이나타운의 축제였다. 여기에서 음력으로 새해를 맞이하여, 주말을 이용해 Chinese New Year 페스티벌을 진행하고 있다. 차이나타운의 거리 곳곳은 인파로 붐빈다. 공연장에서 공연도 하고, 길거리 노점에서는 다양한 음식을 만들어 팔고 있다. 우연치 않게 중국인들의 축제를 즐기는 좋은 기회를 만나 함께 즐기다 숙소로 돌아왔다.

숙소에서 브리즈번을 다녀온 작은아들이 무사히 돌아왔음에 안도하고, 그동안 큰아들네 식구를 뒷바라지해준 작은아들과 며느리에게 감사의 뜻을 전했다. 맥주 한잔을 마시면서 말이다.

07
호주의 최동단 바이런 등대

어제 승용차를 렌트해 큰아들네 식구들을 브리즈번 공항까지 데려다 주고 작은아들은 밤 11시가 다 된 늦은 시간에 숙소에 도착하였다.

   무사히 가족 모두가 함께 여행을 마칠 수 있었음에 작은아들과 며느리에게 고마움을 표하고 숙소에서 하루를 더 보냈다. 아침에 일찍 일어나 산책을 하면서 언제 또 온다는 보장도 없는 골드 코스트의 모습을 열심히 눈과 가슴에 담았다.

   골드 코스트의 날씨는 구름 한 점 없는 짙푸른 하늘에 햇볕이 강하게 내리쬔다. 골드 코스트의 강한 햇볕 때문에 이곳 사람들의 피부암 발생률이 어느 지역보다도 높단다. 그래서인지 아침인데도 양지를 피할 수 있으면 피해서 그늘로 움직여 시가지를 걸었다.

   숙소에서 아침을 먹고 짐을 챙긴 후 쾌청한 날씨의 골드 코스트 해변을 배경으로 아파트 베란다에 서서 추억을 기록할 사진을 가족끼리 찍고 숙소를 떠났다.

바이런 등대 입구 표지판. 바이런 등대는 호주 최동단에 위치한 바이런 곶에 있는 등대이다.

작은아들네와 함께 찾은 곳은 호주에서 가장 동쪽에 위치하고 있는 바이런 곶Cape Byron이다. 지도를 보니 우리나라의 영일만 같은 곳이다. 이곳은 골드 코스트에서 1시간 거리의 남쪽 해안에 있는데, 이곳에 세워진 바이런Byron 등대 주변 풍광이 아름다워 가 보기로 했다.

숙소를 떠나 1시간 정도 골드 코스트 남쪽으로 아름답게 펼쳐지는 풍광을 감상하며 달려 바이런 등대에 도착하였다. 호주의 동쪽 끝 바이런 곶에 있는 등대는 1901년에 세워졌단다. 도화지에 물감을 칠해 놓은 듯 언덕에 우뚝 서있는 등대와, 남태평양 바다의 짙푸른 색과, 하늘의 짙푸른 색이 환상적으로 조화를 이루고 있다. 등대 옆의 나무로 만든 길을 따라 해변으로 계단을 내려가니 '호주의 동쪽 끝The Most Easterly Point of the Australian Mainland'이라는 안내 표지가 있어 이곳이 호주의 동쪽 끝임을 알려주고 있다. 등대로 올라와 등대 박물관으로 들어가 이것저것 전시자료를 살펴보고 방명록에 흔적을 남겼다.

주변에 앉아서 준비한 간식과 과일 등을 먹고 나서 등대 아래에 있

바이런 등대는 주변 풍광이 아름다운 것으로 유명하다.

는 카페로 갔다. 카페에서 아이스크림을 먹으며 바다를 바라보니 아름다운 곳곳의 모습을 카메라에 담을 수밖에 없었다.

휴대폰으로 시간을 보던 작은아들이 갑자기 가자며 서두른다.

"왜 서두르느냐?"

"이곳 바이런에서 골드 코스트 공항까지 가려면 시간 여유가 없어요" 한다.

3시 30분까지 공항에서 렌터카를 반납하기로 했기 때문에 바이런 시내 식당에서 식사를 하는 것을 포기하고, 샌드위치를 주문해 사서 들고 가면서 먹기로 했다. 고속도로 중간의 간이휴게소에 앉아 샌드위치를 먹으며 잠시 쉬면서 핸드폰을 보던 아들이 시간여유가 있단다. 그러면서 하는 말이 골드 코스트 공항이 있는 퀸즈랜드Queensland 주

바이런 등대는 주변 풍광에 어울릴 뿐만 아니라 주변 풍광 그 자체로도 아름다운 곳이다.

는 서머타임[4]이 적용이 안 되는 주이므로 서머타임이 시행되는 NSW 주에 속하는 바이런보다 1시간 느리다는 것을 깜박했다는 것이다. 호주의 NSW*New South Wales*에서는 서머타임이 시행되는데 서머타임 시행으로 인해 NSW의 시간은 10월부터 3월까지 1시간 빨라진다. 바이런은 골드 코스트와 1시간 거리에 있는 지역이지만 주가 다른 지역에 위치하고 있으므로 시간은 1시간 차이가 나게 된다. 무척이나 헷갈리겠다는 생각이 든다. 이곳을 넘나드는 여행을 하려면 시간관리에 유념해야 하겠다는 생각을 했다. 어쨌든 1시간의 시간여유가 생겨 서두르지 않아도 되는 상황이 되었다.

....

4 서머타임
호주 NSW 주는 매년 10월부터 다음해 3월까지 서머타임을 적용한다. 4월부터 9월까지의 시간보다 1시간이 빨라진다.

3시 30분에 공항에 도착하여 렌터카를 반납하고, 비행기 수속을 끝낸 뒤 탑승구로 갔다. 탑승구 근처에서 기다리다가 탑승시간에 맞추어 줄을 서 있는데 T 항공 비행기 편이 지연되어 늦게 출발한단다. 아무런 멘트도 없이 지연되었다고만 하더니, 나중에 50분 지연되었단다. 그러려니 하고 참고 기다리는데 출발 지연을 반복한다. 결국, 비행기 출발 예정 시간을 2시간이나 넘긴 후에야 탑승할 수 있었다.

이상하게도 그렇게 비행기 편이 취소되거나 늦게 출발하거나 하는데 어느 누구도 불평하지 않고 있었다. 우리 공항에서 흔히 볼 수 있는 고함, 삿대질, 사과 등의 광경은 없었다는 거다. 왜 그럴까? 그 이유가 궁금해 시드니로 오는 비행기에 앉아서 나름대로 생각해 봤다. 아마도 마음의 여유 때문일 것이라는 결론을 냈다. 우리는 좁은 땅덩이에서 치여 사느라 마음의 여유가 없는 반면에, 호주인들은 비교적 마음의 여유가 있기 때문일 것이라 생각했다.

시드니공항에 도착하고 미리 예약해 두었던 밴 택시에 탑승했다. 택시기사는 우리가 타자마자 2시간을 공항 근처에서 빙빙 돌아다니며 우리가 도착하기를 기다렸다고 하면서 툴툴댄다. 우리는 골드 코스트 공항에서 비행기가 늦게 출발한다는 사실을 알자마자 택시회사에 문자를 넣었다. 그런데도 그 내용이 기사에게 늦게 전달되어 공항 근처에서 마냥 기다렸다는 것이다.

우리도 어쩔 수 없는 항공사 사정으로 인해 서로 다 피해를 본 것이 아닌가. 어느 비행기를 타고 왔느냐고 택시 기사가 묻기에 저가 항공사인 T 항공 비행기라고 이야기를 했다. T 항공 비행기는 취소 연착을 수시로 하는 것으로 악명이 높단다. 우리도 이번 골드 코스트를 다녀오면서 취소 연착을 직접 경험한 사람들이다. 그러면서 택시기사는 앞으로는 그 비행기를 타지 말란다. 가뜩이나 늦은 밤, 피곤한데 계속 툴툴대는 기사 얘기까지 듣자니 팁을 생각했던 마음이 그냥 사라져 버렸다.

어쨌든, 내가 호주여행을 계획하면서 아내에게 이렇게 말했던 것이 떠올랐다. "큰아들네 네 식구, 작은아들네 세 식구 해서 아홉 명의 3대 가족이 한자리에 모여 즐거워하는 모습을 사진에 담아 간직하고자 한다."

이번 가족 여행은 나의 소망을 이룰 수 있어 무척이나 기쁜 여행이었다. 집에 도착하여 그 마음을 주체할 수 없어 가장 마음에 드는, 가족 모두가 담긴 사진을 다시 한 번 확인했다. 모두가 즐거워하는 사진이었다. 달링하버의 아쿠아리움에서 듀공을 배경으로 함께 찍은 사진을 내 SNS의 프로필 사진으로 교체했다.

08

웬워스 폭포와 제놀란 동굴

호주에 아내와 함께 온 지 10주가 되었고, 호주를 떠나기 5일 전 주말
이다.

마지막 주말에 작은아들네와 1박 2일로 시드니에서 차로 2시간 반
거리에 있는 블루마운틴 지역의 웬워스 폭포Wentworth Falls와 제놀란 동굴
Jenolan Caves을 다녀오기로 했다.

블루마운틴의 서쪽 끝자락에 있는 험악한 지형을 다녀오는, 왕복 5

웬워스 폭포를 가기 위해서는 블루마운틴 노선의 중앙 즈음에 있는 로손 역에서 내려야 한다.

시간이 넘게 걸리는 여행이다. 고민 끝에 무리해서 당일코스로 다녀오기보다는 1박 2일 코스로 하여 중간에서 하루 묵으면서 쉬었다 가기로 했다.

　여기 저기 검색해서 블루마운틴 입구라는 카툼바를 조금 못 미친 지역인 로손Lawson 지역의 웬워스 폭포 근처에 숙소를 예약하고 집을 떠났다. 1시간 20여 분을 승용차로 달려 숙소 근처의 웬워스 폭포 전망대에 도착하였다. 이곳에서 타의 추종을 불허하는 웅장한 블루마운틴

웬워스 폭포 전망대에서 본 블루마운틴의 풍경은 정말 아름다웠다. 이런 풍경을 언제 다시 볼 수 있을까.

블루마운틴 국립공원 이
정표. 웬워스 폭포 전망
대로 가는 길이 있다.

의 모습과 건너편에 보이는 187m 높이의 3단 폭포인 웬워스 폭포의
모습을 감상하였다.

작은아들과 나는 폭포까지 다녀오는 데 왕복 1시간이라는 안내 표
지판을 보며 조금 가까이 폭포에 다가가기로 했다. 어느 정도 내려갔
을까? 아들이 어둠이 깔리면 위험하다는 말을 하기에 폭포를 못 본 것
에 대해 약간 남는 아쉬움을 뒤로 하고 발길을 되돌려 올라왔다.

조금은 아쉬움을 남
긴 채 근처의 예약된 숙
소에 도착했다. 숙소 철
대문에 샌달우드 코티
지Sandalwood Cottage라는 문
패가 붙어 있다. 다락방
이 있는 미니 2층집에 들
어가 짐을 내려놓고 집
안 이곳저곳을 둘러본

숙소의 정원 앞 대문에 샌달우드 코티지라는 간판이 붙어있
다. 별장 같은 느낌의 숙소이다.

뒤 가족 모두 별장에 온 것 같다
고 하면서 숙소에 만족을 했다.
저녁을 품격 있게 직접 요리해 먹
고 나서 정원으로 나갔다. 정원
의자에 앉아 정월 대보름의 둥
근달을 보며 블루마운틴의 밤을
즐겼다.

    아침에 일찍 일어나 시계를
보니 6시가 조금 넘었다. 산책
을 나가면서 어제 저녁에 아쉬
움을 남긴 채 발길을 돌렸던 폭
포를 2시간 안에 다녀오고자 했
다. 숙소를 나와 20여 분을 걸으
니 어제 갔던 폭포 전망대가 나

보름달이 뜬 숙소의 밤은 아름다웠다.

온다. 이곳에서 다시 심호흡을 한 후 30여 분간 트레킹 코스를 따라 내
려가니 우측으로 웬워스 폭포가 나타난다. 좀 더 가까이 웬워스 폭포
를 보기 위해 계단으로 만들어진 돌길을 따라 내려갔다. 나도 모르게
경악하며 온몸에 소름이 돋았다.

    더 이상 내려가면 안 된다는 생각이 들어 고개를 돌리니 절벽 바위
에 사진과 함께 이곳 트레킹 코스를 개척한 머레이Murray라는 사람의 업
적을 기리는 글이 새겨져 있다. '머레이의 비전Murray's Vision'이라고 제목

전망대에서 내려가는 길도 만만치 않았다. 이 길을 개척했던 머레이는 어땠을지 생각하면 가슴이 벅차 오름을 느낀다.

멀리 보이는 웬워스 폭포

'머레이의 비전'이라는 제목으로 새겨진 머레이의 업적. 지금의 내셔 널 패스 트랙은 그와 4명의 대원이 만든 것이다.

Visitors descending the stairs cut to the base of Wentworth Falls, around 1910. Photo by Harry Phillips, courtesy of Blue Mountains Historical Society

머레이가 만든 돌계단

이 붙은 글을 읽어보니 감동이 밀려온다. 이 트레킹 코스는 100여 년 전에 만들어졌단다. 이 지역을 활성화시키고자 하는 주민들 모두의 바람을 담아 블루마운틴의 폭포를 지나는 트레킹 코스를 개척하기로 하고, 이를 실천에 옮기게 되었단다. 머레이James Murray는 4명을 이끌고 팀을 만들어 2년여에 걸쳐 2.5km에 달하는 내셔널 패스 트랙Nat'l Pass Track을 완성했다고 한다.

이 폭포에 접근하기 위해 절벽에 돌계단을 만드는 일은 큰 도전이 아닐 수 없었다. 머레이는 큰 건물의 외벽 유리창을 닦을 때 흔히 볼 수 있는 작업용 의자인 'Bosun's chair'에 의지하면서 공사감독을 했다고 한다. 내가 바로 그 의자가 있던 곳에 서 있는 것이다.

더 이상 내려가지 않고 천길 절벽에서 감동을 간직한 채 눈에 비경을 담고, 카메라로 인증샷을 찍었다. 몸에 전율을 느끼며 트레킹 코스를 거꾸로 올라왔다. 다녀왔다는 기쁜 마음을 주체할 수 없었다. 숙소로 돌아와 폭포에 다녀온 이야기를 가족들에게 했다. 아직도 그 전율이 느껴진다.

아침식사를 끝내고 로손의 중심지에서 쇼핑을 한 후 제놀란 동굴Jenolan Caves을 향해 달렸다. 카툼바에서 서남쪽으로 80km 떨어진 곳에 있는 제놀란 동굴로 가는 길은 만만치 않았다. 구불구불한 산길로, 한

제놀란 동굴로 가는 길목

제놀란 동굴을 갈 때, 개인입장은 불가능하며
여러 개의 동굴 중 하나의 동굴을 선택하여
관람하게 되어 있다.

국에서 대관령 고갯길을 넘어가는
것같이 험했다.

어느 곳은 차량 2대가 편안하게
교행하기가 힘들 정도로 비좁은 산
길도 있었다. 동굴에 도착하여 전
광 안내판을 보니 차량이 동굴로 많
이 들어오는 시간대인 11시 45분부
터 오후 1시 15분까지 1시간 30분
동안은 일방통행으로만 길이 운영
되고 있었다. 나가는 차량은 그 시
간대에 허용이 안 된단다.

제놀란 동굴은 세계에서 가장 오

제놀란 동굴로 가는 길목

래된 동굴이라고 한다. 제놀란의 웅장한 석회암동굴 길이는 약 6km에 달한다고 한다. 고대시대의 해저에서부터 4억 3천만 년의 세월을 거치면서 형성되었다고 한다. 1866년에 제놀란 동굴과 그 주변 지역은 정부지정 보호 지역으로 지정되었고, 세계문화유산 자연보호구역으로 지정된 곳이다.

　동굴 탐방은 자연보호 차원에서 개인적으로는 들어갈 수가 없게 되어 있다. 예약시간에 맞추어 인상 깊은 웅장한 거대한 아치Grand Arch를 통과해 주차장에 차를 주차했다. 관리사무실에서 입장권을 찾아 예약된 코스인 루카스 동굴Lucas Cave입구에서 안내인의 인솔에 따라 동굴 관람을 시작하였다. 동굴 관람객은 여러 개의 동굴 중 한 동굴을 선택하여

동굴의 화려한 모습은 관람객들의 경탄을 자아냈다.

관람하게 되는데, 우리 가족은 루카스 동굴을 선택했다.

수억 년에 걸쳐 만들어진 종유석이 지층의 이동으로 끊어진 모습이다.

1시간 30여 분에 걸쳐 동굴 속을 탐험하였다. 안내인의 친절한 설명과 함께 안내에 따라 계단을 오르내리며 커다란 체임버Chamber들의 화려하게 꾸며진 듯한 다양한 모습들은 관람객들의 경탄을 자아내기에 충분했다. 동굴 밖의 온도는 40도 근처에 머물고 있어 매우 따가운 느낌이 들었지만, 동굴 안의 온도는 긴팔 옷을 입어야 할 정도로 냉기를 느꼈다. 미처 긴팔 옷을 가방에서 꺼내 입지 못하고 동굴에 들어온 나는 동굴 탐방이 끝나갈 즈음에는 추위에 떨어야 했다.

중국의 계림이나 곤명 지역에서도 거대한 동굴탐험을 했던 경험이 있는 나는 제놀란 동굴 탐방을 끝내면서 '이곳에서는 내가 경험했던 어느 동굴보다도 동굴의 자연 보존상태를 유지하려고 애쓰고 있구나'

라는 생각이 들었다.

　1박 2일의 웬워스 폭포, 근처의 오두막집에서의 1박, 제놀란 동굴 탐방을 하면서 새로운 추억을 만들고 시드니의 집으로 돌아오는 길에 보이는 차창 밖의 하늘은 유난히 짙은 파란색 하늘이다. 집으로 차를 타고 돌아오니 저녁 6시가 다 되어 간다.

09
페리로 번디나를 가다

오늘 호주에서의 긴 여행을 마무리하는 의미에서 귀국을 이틀 앞두고 크로눌라 비치에서 페리를 타고 번디나^{Bundeena} 지역을 다녀오기로 했다.

호주에 머무르는 동안 시드니 도심에서 남쪽으로 약 25km 거리에 있는 크로눌라 비치를 기차를 타고 가족들과 다녀오거나 손녀를 데리고 두 차례 다녀오곤 했다. 크로눌라 비치는 집에서부터 기차로 갈 수 있어 접근성도 좋고, 무엇보다도 남태평양에 접한 아름다운 해변의 모습에 매료되어 있었기 때문인 것 같다. 그러면서 다음 기회에 이곳 크로눌라에서 페리를 타고 번디나 지역을 다녀오겠노라고 마음먹었었다.

아침식사 후 집 근처 로즈 역에서 센트럴 역행 T1 기차로 출발하여 레드펀^{Redfern} 역에서 내렸다. 이곳에서 크로눌라행 T4 기차로 환승을 하여 1시간 30여 분 만에 목적지인 크로눌라 역에 도착하였다.

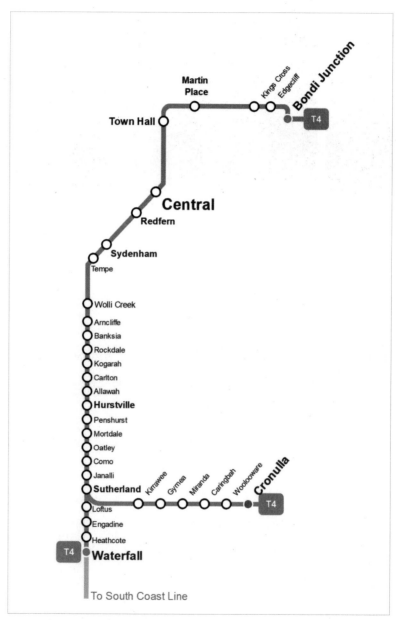

시드니 트레인 노선도. 크로눌라 비치로 가기 위해선 T4 노선의 우측 하단에 있는 크로눌라 역으로 가는 기차를 타야 한다.

번디나 안내 지도

　도착한 시간이 12시가 다 되어가고 있어서 우선 크로눌라 비치^{Cronulla} Beach 쪽 상가에 가 본 적이 있는 음식점에서 맛있는 그릴드 치킨^{Grilled} Chicken으로 점심을 먹으면서 휴식을 취했다. 쉬다가 시계를 보니 1시 15분이다. 1시 30분에 번디나 지역으로 가는 페리를 크로눌라 선착장에서 타려고 발걸음을 재촉하였다. 아슬아슬하게 시간에 맞추어 페리에 탈 수 있었다.

　이 페리는 1시간마다 크로눌라와 번디나 지역을 운행하는 정기 여객선이다. 역사를 살펴보니 이 페리 노선은 1880년에 운행이 개시되었고, 1915년에 지금과 같은 상업적 서비스가 시작되었단다. 이 페리 서비스는 호주에서 가장 먼저 시작된 역사를 지니고 있단다. 번디나 지역에는 왕립 국립공원^{Royal Nat'l Park}이 있어 부시워킹, 사이클링, 수영, 피크닉을 즐길 수 있다.

　페리에 승선하기 전에 페리 요금을 어떻게 지불하는지를 물으니 승선한 후 현금으로 지불하면 된단다. 아니나 다를까, 페리가 출발하자마자 승무원은 돈 통을 들고 정해진 순서에 따라 질서 있게 요금을 받기 시작한다. 현금으로 요금을 내면 승선표로 맞바꾸어 주는데, 어른 요금은 1인당 AUD $6.40이었다.

페리에 승선하여 번다나 선착장까지는 30여 분이 채 안 걸리는 짧은 시간이다. 하지만 배에 타고 있는 동안 주변의 아름다운 풍광을 시원한 바닷바람과 함께 즐기기에는 충분한 시간이었다. 오후 2시에 번다나 선착장에서 내려 1시간여를 즐기고 3시에 출발하는 페리를 타기로 했다. 1시간여 동안 지본 비치Jibbon Beach로 가서 즐기고 오기로 하고, 해안가 길을 쾌청한 날씨 속에 걸었다.

지본 비치는 남태평양으로 바로 연결되어 나아가는 포트 해킹 포인트Port Hacking Point의 안쪽에 위치하고 있는 해변이다. 그래서인지 파도가 세지 않고 잔잔하다. 정말 오염되지 않은 해변에서 아름다운 풍광을 몸으로 느끼며 마음에 담고 눈에 넣으면서 즐거운 시간을 가졌다. 정

지본 비치에서 바라본 포트해킹 포인트. 이곳을 지나면 남태평양이다.

해진 시간이 1시간이어서 아쉬움을 남긴 채 그곳을 빠져나와 부지런히 주변 모습을 감상하면서 페리 선착장으로 향했다.

페리 선착장 근처의 공원에서 잠시 쉬면서 주변을 감상하다가 3시에 출발하는 페리에 승선하였다. 페리에 올라 주변의 아름다운 풍광을 선상에서 마음껏 즐길 수 있었다. 아마도 이곳의 풍광이 시드니의 서큘러 키 선착장에서 맨리로 가는 것 같다는 생각이 문득 들었지만, 풍광은 이곳이 더 좋은 것 같았다.

크로눌라에서 출발하는 센트럴 역행 T4 기차에 몸을 싣고 집으로 돌아오면서 만감이 교차한다.

이렇게 오늘 기차와 페리를 이용한 번다나 여행을 마지막으로 호주에서의 긴 여행을 마무리하게 된다. 내일은 집에서 쉬면서 짐을 정리하고, 모레 저녁엔 호주를 떠나 귀국 비행기에 오르게 된다.

이런저런 생각을 하는 가운데 기차를 탄 지 1시간 30여 분 만에 레드펀 역에서 내렸다. 이곳에서 T1 에핑행 기차로 환승하여 집 근처의 로즈 역에서 내려 집으로 돌아왔다.

그동안 70여 일이 넘게 시드니의 아들네 집에 베이스캠프를 두고 이곳저곳을 많이도 돌아다녔구나 하는 생각이 든다. 우리 부부가 건강하게 돌아다니며 추억을 만들 수 있었음에 그저 감사한 마음뿐이다.

맛있는 삶을 실천에 옮겨 보겠다고 작심하고 작은아들네가 살고 있는 시드니에 아내와 함께 들어온 지 10주가 지났다. 아쉬운 작별의 시간이 다가오고 있다.

시드니 아들네에 베이스캠프를 설치하고 매일 크게 무리하지 않고 이곳저곳을 다니며 즐기고자 했다. 여행수단은 BMW^{Bus, Metro, Walk}로 하고 우선 시드니의 교통체계를 이해하는 데 초점을 맞추어 여행을 하였다. 복잡하다면 복잡할 수 있는 시드니 기차를 직접 타고 다니면서 경험을 쌓고, 얼마 되지 않아 시드니 기차 운영체계를 이해하고 나니 욕심이 났다.

시드니 북쪽 Central Coast & New Castle Line의 센트럴 코스트 지역과 뉴캐슬 지역, 서쪽 Blue Mountain Line의 블루마운틴 지역, 남쪽 South Coast Line의 카이아마 지역, 남서쪽 Southern Highlands Line의 모스 베일, 캔버라, 멜번까지 기차로 여행을 다녀오는 즐거움을 만끽했다.

주말이면 작은아들네와 함께 뉴캐슬 지역, 센트럴 코스트 지역,

Balmoral 비치, Cronulla 비치, Kattai 공원 캠핑장, 블루마운틴 지역의 Wentworth 폭포와 민박, Jenolan 동굴 탐방 등 시드니 외곽을 벗어나 여행을 하며 추억을 만들고자 했다.

시드니 시내에서는 12월 말일, 하버 브리지의 불꽃놀이 현장에서 감동을 느끼기도 했다. 달링하버의 음식점에서는 가족과 함께 강한 인상을 주는 광주리 일식을 먹으며 야경을 감상하는 감격을 맛보기도 하였다. 시내의 양고기 맛집을 찾아 즐거운 시간을 보내고 오기도 했다.

간간이 손녀와 함께 달링하버, 크로눌라 비치, 시드니 올림픽 파크, 동물원을 다녀오면서 추억의 시간을 만들기도 하였다.

멜번에서는 큰아들네 가족과 함께 3박 4일의 관광을 하며 3대 여섯 명의 가족이 즐거운 여행의 맛을 느끼기도 하였다. 남반부의 파리라고 하는 멜번 시내 관광, 멜버니언의 휴식처로 일컬어지는 Dandenong Ranges 국립공원 관광과 Puffing Billy라는 호주 최초의 증기기관차 탑승, Phillip Island에서의 리틀 펭귄 관람, 그리고 호주인이 자랑하는 G.O.R. *Great Ocean Road* 도전 등 재미있는 추억의 시간을 가졌다.

큰아들네 가족과 시드니에 비행기로 도착하여 그렇게 하고 싶었던 3대 가족 아홉 명의 가족여행이 시작되었다. 내가 호주에 오면서 마지막 가족여행을 한다는 생각으로 3대 가족 여행을 꿈꿔왔었다. 그 꿈이 실현되었다. 시드니에서의 3일, 골드 코스트에서의 3일 동안 가족들과 함께하는 시간을 가지면서 무척이나 행복했다.

시드니에서 시티투어, 블루마운틴 관광, 본다이 비치 관광, 달링하버의 아쿠아리움 관광을 하면서 평생 거실에 걸어놓을 3대 가족 9명 모두의 밝은 모습이 담긴 가족사진을 만들 수 있었다.

골드 코스트에서는 무비월드 관광, 수륙양용차인 Quack'r Duck관광, 전망대인 Skypoint 관람 등을 하며 추억의 시간을 갖기도 했다.

큰아들네 식구를 브리즈번에서 한국으로 보낸 후 시드니로 돌아와 집 근처 메모리얼 파크에 들렀다. 그곳에서 자주 머무르던 숲 속 테이블에 앉아 지난 75일을 조용히 곱씹어 본다. 그동안의 호주여행을 더듬어 글로 정리하며 마무리 짓는 시간을 가지기로 했다.

그동안 나와 아내를 뒷바라지하느라 아무래도 불편했을 작은아들 내외와 손녀에게 감사하다는 말을 전하며 시드니를 떠난다.

아울러 나의 출판 제안에 흔쾌히 책을 만들어준 도서출판 행복에너지의 권선복 대표이사와 편집에 혼과 정열을 쏟아 부은 편집실의 심현우 작가, 최새롬 디자인 팀장, 각종 자료를 점검해준 작은아들 이화신, 오래 간직하고 싶은 프로필 사진을 만들어준 도반 홍진기 사장에게 감사의 뜻을 전한다.

2017년 8월
이경서

새로운 곳으로의 맛있는 여행을 꿈꾸는 모든 분들에게
행복과 긍정의 에너지가 팡팡팡 샘솟으시기를 기원드립니다!

권선복
(도서출판 행복에너지 대표이사, 영상고등학교 운영위원장)

2016년, 『맛있는 삶의 레시피』를 출간한 저자는 "자신이 사랑하고 자신에게 즐거움, 기쁨을 주는 일을 하며 사는 것"을 맛있는 삶이라고 하였습니다. 이렇게 맛있는 삶을 위해 우리가 할 수 있는 일은 무엇이 있을까요? 셀 수 없이 많은 일이 있을 것입니다. 그러나 쉽게 해내기는 어려운 것이 될 수도 있습니다. 그럴 때 우리는 다른 사람의 맛있는 삶을 엿보게 됩니다. 다른 사람의 삶을 보며 '저 삶은 참 맛있어 보인다' '우리는 어떻게 해야 맛있게 살 수 있을까'라는 생각을 할 수 있습니다.

책 『맛있는 호주 동남부 여행』은 우리가 쉽게 맛볼 수 없는 맛있는 도전이자 저자의 새로운 도전을 엮었습니다. 75일간의 호주 여행, 그것이 저자의 새로운 맛있는 도전이었습니다. 저자는 호주 시드니에 있는 아들의 집을 베이스캠프로 하여 75일간의 긴 여행을 떠납니다. 또한, 여행에 앞서 비용과 교통수단에 있어서만큼은 아들 내외에게 의존하지 않고 대중교통을 이용하겠다는 마음을 먹고 여행을 시작합니다.

가까운 곳에서 대중교통 이용법부터 익히며 차차 범위를 넓히는 맛있는 여행은 비행기를 이용하지 않고도 시드니에서 캔버라를 거쳐 멜번까지 이동하며 호주 동남부 전체를 아우르는 맛있는 여행을 그려냅니다. 그뿐만 아니라 저자가 이동했던 경로, 이용한 교통수단을 세밀하게 기록하여 책을 읽는 독자로 하여금 그저 따라 하는 것만으로도 저자와 함께 맛있는 여행을 할 수 있도록 안내하고 있습니다.

저자의 말처럼 이 책을 따라가다 보면 호주여행을 계획하거나 현지에서 여행하기를 바라는 사람들도 '나도 할 수 있다'는 용기를 가질 수 있을 것입니다. 저자의 경험과 격려가 담긴 여행기로 용기를 얻어 맛있는 삶을 살아가고자 하는 모든 분들의 삶에 행복과 긍정의 에너지가 팡팡팡 샘솟으시기를 기원드립니다.

두 바퀴로 떠나는 전국일주 자전거길

박강섭 · 양영훈 지음 | 258쪽 | 값 15,000원

'두 바퀴로 떠나는 전국일주 자전거길'은 4월22일 개통된 총 길이 1757km에 이르는 국토종주 자전거길을 이용하는 사람들을 위해 만들어진 책으로, 아름다운 우리나라 국토와 4대강을 자전거길로 둘러보는 국토종주 자전거길과 자전거길 주변의 볼거리, 먹거리, 잠자리 등 종합 이용정보를 함께 수록하여 오직 자전거로만 만끽할 수 있는 여행으로 독자들을 안내하고 있다.

심정진리의 숲길

조형국 지음 | 값 15,000원

이 책은 신(神)으로 상징되는 초월적이고 심정적인 영역을 배제하고 물질문명과 이성적 진보만으로 이루어진 서양 중심의 현대 문명은 필연적으로 한계를 드러내며 허무주의라는 함정으로 빠질 수밖에 없다는 점을 역설한다. 또한 허무주의로 가득 찬 현대 문명을 극복하기 위해서는 이성의 존재가 아닌 심정의 존재로서의 하느님을 중심으로 통일사상에서 말하는 '3대 축복의 삶'을 살아야 할 것이라는 점을 강조한다.

부산은 따뜻하다

반극동 지음 | 값 15,000원

이 책은 한국철도공사 부산경남본부 반극동 전기처장이 알려주는 '인생열차 이용 안내서'이다. 철도인생을 마무리하는 3년간 부산에서 근무하며 노력한 저자의 경험을 담았다. "딸랑딸랑"하며 가족, 직원, 조직에서 원만한 인간관계를 유지하고 맡은 업무에 충실하기 위한 노하우를 알려준다. 또한 저자의 직장생활 35년 노하우를 담은 부록 '직장생활 이렇게 하면 달인이 된다'로 직장인의 바람직한 자세의 핵심을 담았다.

정동진 여정

조규빈 지음 | 값 13,000원

책 『정동진 여정』은 점점 빛바래면서도 멈추지 않고 휘적휘적 가는 세월을 바라보며 그 기억을 글자로 옮기는 여정에 우리를 초대한다. 추억이 되었다고 그저 놔두기만 하면 망각의 너울을 벗지 못한다. 그러기에 희미해지기 전에 기록할 것을 은근히 전한다. "기록은, 그래서 필요하다"라는 저자의 말은 독자들의 마음에 여운을 남기며 삶의 의미와 기억 속 서정을 찾는 길잡이가 되어 줄 것이다.

하루 5분 나를 바꾸는 긍정훈련

행복에너지

'긍정훈련' 당신의 삶을
행복으로 인도할
최고의, 최후의 '멘토'

'행복에너지
권선복 대표이사'가 전하는
행복과 긍정의 에너지,
그 삶의 이야기!

인터파크
자기계발 분야 주간
베스트 1위

권선복 지음 | 15,000원

권선복

도서출판 행복에너지 대표
영상고등학교 운영위원장
대통령직속 지역발전위원회
문화복지 전문위원
새마을문고 서울시 강서구 회장
전) 팔팔컴퓨터 전산학원장
전) 강서구의회(도시건설위원장)
아주대학교 공공정책대학원 졸업
충남 논산 출생

책『하루 5분, 나를 바꾸는 긍정훈련 - 행복에너지』는 '긍정훈련' 과정을 통해 삶을 업그레이드하고 행복을 찾아 나설 것을 독자에게 독려한다.

긍정훈련 과정은 [예행연습] [워밍업] [실전] [강화] [숨고르기] [마무리] 등 총 6단계로 나뉘어 각 단계별 사례를 바탕으로 독자 스스로가 느끼고 배운 것을 직접 실천할 수 있게 하는 데 그 목적을 두고 있다.

그동안 우리가 숱하게 '긍정하는 방법'에 대해 배워왔으면서도 정작 삶에 적용시키지 못했던 것은, 머리로만 이해하고 실천으로는 옮기지 않았기 때문이다. 이제 삶을 행복하고 아름답게 가꿀 긍정과의 여정, 그 시작을 책과 함께해 보자.

『하루 5분, 나를 바꾸는 긍정훈련 - 행복에너지』